Ganz
oder gar nicht!

Titel der Originalausgabe:
ONE – The Art and Practice of Conscious Leadership

Published by The Secretan Center Inc.
Caledon, Ontario, Canada

Herausgeberin: Dr. Nadja Rosmann

Lance Secretan:
Ganz oder gar nicht!
Projektkoordination:
Marianne Nentwig

info@j-kamphausen.de

Übersetzung: Jochen Lehner
Lektorat: Martin Gregor-Ax /
Michael Fromm
Umschlag-Gestaltung,
Typografie/Satz: Wilfried Klei
Druck & Verarbeitung:
Westermann Druck Zwickau

www.inspire-news.de

1. Auflage 2007

Die Deutsche Bibliothek – CIP-Einheitsaufnahme

Ein Titelsatz für diese Publikation
ist bei der Deutschen Bibliothek erhältlich

ISBN 978-3-89901-118-0

Dieses Buch wurde auf 100 % Altpapier gedruckt und ist alterungsbeständig.
Weitere Informationen hierzu finden Sie unter www.weltinnenraum.de

Lance Secretan

Ganz oder gar nicht!

Die sechs Prinzipien bewusster Führung
und die Kunst, Unternehmen
vom Sand im Getriebe zu befreien

Übersetzung: Jochen Lehner

Wir sind Teil jenes Ganzen,
das wir das Universum nennen,
und es ist eine Täuschung unseres Geistes,
wenn wir denken, wir seien voneinander getrennt.
Dieses Getrenntsein ist wie ein Gefängnis für uns.
Unsere Aufgabe muss es sein,
den Kreis unseres Mitfühlens so weit auszudehnen,
dass wir uns mit allen Menschen und Dingen
verbunden fühlen.

Albert Einstein

Vorwort zur deutschen Ausgabe

Mut, Wahrhaftigkeit und Effektivität sind der Schlüssel zu einem erfolgreichen Business. Der kanadische Erfolgsautor und Unternehmensberater Lance Secretan weiß, wovon er spricht, denn die von ihm propagierte „Higher Ground Leadership" ist für Unternehmen ein Akt der Befreiung vom Sand im Getriebe, der Geschäftsprozesse lähmt und Motivation verhindert. Secretans Erfahrung als CEO eines Fortune-100-Unternehmens und im Rahmen seiner Lehrtätigkeit als Professor an verschiedenen kanadischen Universitäten: Die meisten Management-Theorien verkürzen Führung auf schematische Methoden und übersehen den wichtigsten Faktor, der Unternehmen erfolgreich macht – die Inspiration! Doch wie finden Führungskräfte diesen Spirit in einer Businesswelt, die von hartem Wettbewerb und augenscheinlichen Zwängen, von Stress und Hektik geprägt ist?

Für Secretan liegt die große Kraft, die Unternehmen in ihrem innersten zusammenhält, die aus Frust eine neue Freude am Job werden lässt und Erfolge fast wie von selbst zum Erblühen bringt, in der Wiederentdeckung einer ursprünglichen Verbundenheit. „We are ONE – wir sind eins", sagt Secretan und weist uns den Weg, wie wir Konkurrenz in Kooperation verwandeln können und wie aus dem Gefühl des Getrenntseins eine neue Ganzheit erwächst. Dieses Ganzsein ist vielen gestandenen Managern, aber auch Mitarbeitern längst fremd geworden und wird oft allenfalls als persönliche Sinnfrage in die Privatsphäre verbannt. Doch was passiert, wenn Menschen sich nicht mehr „ganz" fühlen, wenn sie ihre – natürlichen – inneren Widerstände gegen Situationen, denen eine höhere Stimmigkeit fehlt, verdrängen müssen? Dann wird aus dem „ganz" nur allzu leicht ein „gar nicht".

Psychologen schlagen schon seit Jahrzehnten Alarm, denn nach klinischen Maßstäben spiegelt etwa jeder dritte Spitzenmanager mit seinem Verhalten das typische Bild eines Soziopathen wider. Das klingt hart und ist es auch, denn wenn Führungskräfte nur noch einem äußeren Erfolgsdruck folgen, verlieren sie ihren inneren Standpunkt und damit auch ihre Standhaftigkeit und Integrität.

Was bleibt, sind Rivalitäten, Interessenkonflikte und ein rauer Wettbewerb, die Unternehmen in ihrem Inneren und oft auch die Beziehungen zu Kunden leicht zu einem Schlachtfeld werden lassen. Mit „Ganz oder gar nicht!“ entwickelt Lance Secretan dagegen eine neue Vision von Leadership für das 21. Jahrhundert. Wenn Magie und Mythen, einst das subtile Gewebe aller Kulturen und allen menschlichen Schaffens, wieder Einzug halten in die Führungsetagen, wirkt das oft wie ein Befreiungsschlag, denn dann müssen Manager ihr Bedürfnis nach Einheit nicht mehr verdrängen, sondern können persönlichen Sinn und wirtschaftliche Notwendigkeiten in Einklang bringen.

Lance Secretan zeigt, warum durch Konkurrenz und Korruption, Einzelkämpfertum und Egoismus viele Business-Chancen ungenutzt bleiben. Sein Gegenmodell: die ursprüngliche Einheit erkennen und zum Führungsparadigma machen. Der Weg dorthin führt über die sechs Prinzipien bewusster Führung des CASTLE-Systems: **C**ourage (Mut), **A**uthenticity (Authentizität), **S**ervice (Dienen), **T**ruthfulness (Wahrhaftigkeit), **L**ove (Liebe) und **E**ffectiveness (Effektivität). In anschaulichen Praxisbeispielen aus internationalen Unternehmen zeigt der Unternehmensberater, wie Manager wieder Verbindungen herstellen können: zwischen ihrem Unternehmen und seinen Kunden, zwischen sich selbst und den Mitarbeitern, aber auch zwischen ihren persönlichen Idealen und ihrem Job. In diesem Sinne bedeutet bewusste Führung, die Illusion des Getrenntseins zu überwinden und Raum für ein neues Miteinander zu schaffen.

Vielleicht erfordert es ein wenig Mut, sich auf die Betrachtungsweise des Autors einzulassen, denn nur allzu oft haben wir in den kleinen und großen Gefechten des Alltags vergessen, wie es sein könnte, wenn uns die Dinge leicht von der Hand gehen und wir das Richtige tun, schlicht weil es sich richtig anfühlt. Doch es sind gerade diese magischen Momente, die dem Leben seinen größten Zauber verleihen und uns die Kraft und innere Stärke verleihen, einfach alles zu erreichen. In diesem Sinne wünsche ich Ihnen ein inspirierendes Leseerlebnis.

Dr. Nadja Rosmann

Herausgeberin »inspire!«

Vorwort

1980 stieg ich aus der Geschäftsleitung eines großen internationalen Unternehmens aus und wechselte an die Universität, wo ich mich mit Begeisterung in das nächste Abenteuer stürzte: mich von dem praktizierenden Manager, der ich gewesen war, in einen Lehrer für derzeitige und künftige Führungskräfte zu verwandeln. Im Sommer jenes Jahres bereitete ich mich auf meine neuen Pflichten vor und studierte etwa 150 Bücher über Führung, Strategie und die Voraussetzungen zur Leitung erfolgreicher Unternehmen. Ich freute mich darauf herauszufinden, was führende Denker und Experten zu diesem Thema zu sagen hatten. Das Ganze hinterließ bei mir jedoch ein leises Befremden. In diesen Büchern stand wenig von dem, was ich in den vorangegangenen 14 Jahren in meiner leitenden Stellung erlebt hatte.

Da ich kein Lehrbuch fand, das die Dinge so darstellte, wie ich sie erlebt hatte, verfasste ich selbst eins. Es trug den Titel *Managerial Moxie* und beschrieb den Weg, den mein eigenes Team zurückgelegt hatte, um ein angeschlagenes Unternehmen namens Manpower Limited wieder flott zu machen und zu einem weithin anerkannten Unternehmen von Weltrang aufzubauen. Mit 496 Seiten voller komplexer Diagramme, Tabellen, Formeln und Theorien wog es mehr als ein halbes Kilogramm. *Managerial Moxie* hielt sich an die Sprach- und Schreibgewohnheiten, die im akademischen Bereich gelten. Dazu gehören ausgedehnte Recherchen, die empirische Überprüfung von Theorien, Doppelblindstudien und die Überprüfung durch Fachleute, die das Material in diversen Gremien so lange begutachten und bestätigen, bis es in einen offiziellen Lehrplan aufgenommen werden könnte. Mir wurde klar, dass ich in diesem Korsett ein unnötig kompliziertes Buch über ein eigentlich ganz einfaches Thema geschrieben hatte. Unsere akademischen Einrichtungen schaffen manchmal eine komplizierte, abgespaltene Kunstwelt, die kaum noch die Realität abbildet.

Seit damals habe ich 14 Bücher geschrieben und darin Theorien zu entwickeln gesucht, die das Wesentliche des bewussten Führens und eines inspirierenden Lebens erfassen. Ich habe beobachtet, dass Führungsqualitäten nicht aus äußeren Gegebenheiten erwachsen, sondern in uns selbst entspringen, in Herz, Geist und Seele. Von diesem inneren Prozess werden andere inspiriert, die wiederum andere inspirieren, die wiederum all jene inspirieren können, mit denen sie in Berührung kommen – bis schließlich eine inspirierte Welt entsteht. Das ist Einssein in Aktion.

In Hunderten von Seminaren, Workshops, Coaching- und Beratungsprojekten auf der ganzen Welt hat sich schließlich das Gedankengebäude herausgebildet, das wir *Higher Ground Leadership®* nennen und das – von vielen Beteiligten im Lauf der Jahre überarbeitet und verfeinert – die Grundlage meiner und unserer Arbeit als Lehrer und Unternehmensberater geworden ist. Es beruht auf sechs Grundbegriffen, die wir die CASTLE-Prinzipien[1] nennen. Sie sind zwar im Laufe der Zeit Tausenden von Menschen vermittelt und von ihnen umgesetzt worden, aber sie lagen noch nicht in prägnanter Form als Buch vor. Bis jetzt. Was Sie in Händen halten, ist eben dieses Buch.

Je länger ich in dieser Welt lebe, desto klarer sehe ich: Es ist gar nicht so kompliziert, ein inspirierendes Leben zu führen und die Welt lebenswerter zu machen. Es ist sogar sehr einfach, und alles, was wir dazu wissen müssen, lässt sich auf diesen kurzen Nenner bringen: *Wir sind eins, und die Welt wird besser, wenn wir einander lieben und die Wahrheit sagen.* Das kann man als tief metaphysische Aussage sehen (wozu ich Ihnen Mut machen möchte, auch wenn das nicht meine vorrangige Absicht ist) oder als ganz pragmatische Beschreibung der Wirklichkeit.

Folglich ist dieses Buch viel schmaler geworden als meine früheren. Wenn ich einen Markt für so etwas sähe, würde ich vielleicht ein Buch mit nur einer Seite schreiben, in dem nur stünde: „Wenn wir verstehen, dass wir eins sind, und einander lieben und die Wahrheit sagen, werden wir mehr Inspiration und Erfüllung finden und in einer besseren Welt leben.“ Wie schade, dass es

1 *CASTLE steht für: Courage – Mut; Authenticity – Echtheit; Service – Dienen; Truthfulness – Wahrhaftigkeit; Love – Liebe; Effectiveness – Wirksamkeit. Siehe unten, Kapitel 4 ff.*

keine Tradition der Ein-Seiten-Bücher gibt! Der jüdische Weise Hillel schrieb im ersten Jahrhundert: „Was dir verhasst ist, das tu keinem anderen an. Das ist das ganze Gesetz. Alles Übrige ist Kommentar.“ Alle großen Menschheitslehrer haben schon immer ungefähr dies gesagt: *Wir sind eins. Liebt einander und sagt die Wahrheit.* Aber es muss immer wieder und in der Sprache jeder neuen Generation gesagt werden.

Blaise Pascal schrieb einmal: „Dieser Brief ist länger geworden als sonst. Ich hatte nicht die Zeit, ihn kurz zu halten.“ Ich dagegen hatte genügend Zeit, dieses Buch einfach und kurz zu halten. Über das Einssein, die Liebe und die Wahrhaftigkeit hinaus werde ich hier noch vier weitere Wesenszüge eines inspirierenden Lebens vorstellen, alles in allem sechs. Und es ist wirklich so einfach!

Ich versteige mich nicht zu der Behauptung, dass es leicht sei, einander zu lieben und die Wahrheit zu sagen. Aber es ist ein einfaches Prinzip. Und wenn wir einander lieben und die Wahrheit sagen, sind wir eins. Dieses Buch wird im Kern erörtern, wie das zu verstehen ist und wie man es leben kann.

Am Schluss eines Briefes an einen Kollegen schrieb C. G. Jung: „Theorien führen zu nichts. Bemühen Sie sich, einfach zu sein und immer den nächsten Schritt zu tun ... Steigen Sie also vom Berg herunter ... und folgen Sie Ihrer Nase. Das ist Ihr Weg, und es ist der geradeste.“ So habe ich auch die CASTLE-Prinzipien entwickelt und dieses Buch geschrieben. Ich hoffe, es wird Ihnen ein Führer sein auf Ihrem Weg zum Einssein und zu einem neuen, bewussten Führungsstil.

Lance H. K. Secretan
Ontario, Kanada
im Frühjahr 2006

Einleitung

Dieses Buch beschreibt, wie wir immer mehr in ein atomistisches Schubladendenken hineingeraten sind (ich verwende dafür die Begriffe „Atomismus" und „Getrenntsein/Trennung" oder „Separierung") und wie wir zu einem ganzheitlichen Denken zurückkehren können, das uns in unserem Leben und in unseren Führungsaufgaben einen wahren Sinn zurück gibt. (Dafür werde ich Begriffe wie „Ganzheitlichkeit" „Holismus" oder „Einssein" verwenden.)

Das *New Oxford Dictionary* definiert Holismus als …

> jene Theorie, die die Teile eines Ganzen als so innig miteinander verbunden sieht, dass sie nicht unabhängig vom Ganzen existieren können und nur im Hinblick auf das Ganze zu verstehen sind, weshalb das Ganze mehr ist als die Summe seiner Teile.

Atomismus ist im Gegenzug …

> ein theoretischer Ansatz, der davon ausgeht, dass ein Ganzes durch Zergliederung in unterscheidbare, selbstständige Bestandteile verstanden werden kann.

Im ersten Teil dieses Buches, „Die Kunst des Einsseins", beschäftigen wir uns mit dem Umstand, dass sich in unserer Generation ein neues, starkes Verlangen nach Einheit abzeichnet. Ich werde aufzeigen, dass der Fortschritt in Technik und Kommunikationsmedien diesem Trend erheblichen Vorschub leistet und was eigentlich hinter dem Verlangen steht: die Sehnsucht nach der mythischen, geheimnisvoll magischen Welt der Einheit, die unser Erlebnisraum war, bis mit den Ideen der Philosophie und der Naturwissenschaften der Gedanke der Trennung aufkam. Gespür für dieses Einssein – das ist es, was wir uns bei unseren Führungseliten wünschen und wovon wir bei unseren eigenen Führungsaufgaben im Tiefsten geleitet sein möchten.

Im zweiten Teil, „Die Praxis des Einsseins“, erkunden wir, wie wir unser ursprüngliches Gefühl von Einssein zurückgewinnen können, wenn wir uns ganz auf die CASTLE-Prinzipien Mut, Echtheit, Dienen, Wahrhaftigkeit, Liebe und Wirksamkeit einlassen, wenn wir sie leben und wenn darin die Einheit und Verbundenheit aller Menschen und Dinge sichtbar werden kann.

Jedes große Manifest ist wie die Perle in der Auster etwas Kostbares und Schönes, das als Reaktion auf eine Störung entstand. Die Unabhängigkeitserklärung, die Magna Charta, die Charta 77 oder die kanadische Charter of Rights and Freedom sind solche Reaktionen auf quälende Gefühle des Getrenntseins und die im gleichen Maße zunehmende Sehnsucht nach Einheit. Es sind Beschreibungen offenbar gewordener Probleme, rückblikkend verfasst, und dies häufig in Worten von inspirierender Kraft. Nach diesem Verfahren – unsere Schritte zurückverfolgen, bis erkennbar wird, was wir eigentlich wollten – sind auch die CASTLE-Prinzipien entstanden.

Wie alle grundlegenden Dinge sind sie einfach und uns allen wohl bekannt. Jetzt kommt es darauf an, nicht mehr nur über sie zu reden, sondern sie ins Werk zu setzen – sie wirklich zu leben und nicht nur Anderen erzählen, dass sie sie leben sollen. Wenn wir diese Grundprinzipien tatsächlich mit Leben erfüllen, werden sie uns und Andere zutiefst verwandeln und inspirieren.

Sie werden hier nichts Neues zu lernen finden, keine große Theorie, keine Pioniertat, keine Gleichung, die endlich alles erklärt. Es geht um Wissen, das wir bereits in uns tragen. Irgendwann haben wir es auch einmal gelebt, meist in jüngeren Jahren. Jetzt haben wir es vielleicht verloren und wünschten es zurück. Nehmen wir als Beispiel das CASTLE-Prinzip Courage – Mut. Als wir beim Spiel des Lebens noch nicht so viel eingesetzt hatten – keine Darlehen für Haus und Wagen, keine gehobene Position, an die wir uns klammern –, sind wir von Natur aus wagemutiger gewesen. Es war nicht gar so schwer, unsere Wahrheit auszusprechen und danach zu leben. Mit den Jahren und dem wachsenden Berg von Pflichten und Besitztümern, wurden wir zynischer und ängstlicher. Die Kraft und die Leidenschaft, aus denen unser Mut sich speiste, sind versickert.

Dieses Buch möchte Sie deshalb anregen, sich an Ihre besten Zeiten zu erinnern und wieder so zu handeln und zu leben wie damals. Wir werden uns gegenseitig inspirieren und die Welt nicht mehr als Ansammlung von Teilen, sondern als Einheit sehen, wenn wir nach den CASTLE-Prinzipien leben.

Ich habe diese Prinzipien nicht entdeckt. Sie haben mich entdeckt. Ich habe Menschen gefragt, was aus ihrer Sicht die Merkmale funktionierender Beziehungen sind, zu Hause und bei der Arbeit, in Politik, Religion und Wissenschaft, in unserer Ehe, unter Angehörigen und Freunden. Dabei zeigte es sich, dass Menschen am wenigsten von Anderen halten, wenn diese nicht mutig, authentisch, bereit zu dienen, wahrhaftig, liebevoll und effektiv sind. Dabei spielte es keine Rolle, ob es sich um Unternehmensführer, Hausfrauen oder Sportler handelte und welchen gesellschaftlichen Status oder welche Herkunft sie hatten.

Meine Kollegen und ich haben festgestellt, dass die Vorstellungen von sinnvoller und befriedigender Arbeit sich bei Menschen verschiedener Gesellschaftsschichten oder unterschiedlicher kultureller Herkunft kaum unterscheiden. Das bestätigt eine 2005 von Sirota Survey Intelligence durchgeführte Befragung, die zu folgendem Ergebnis kommt: „Mehr als die Hälfte der im Personalbereich Tätigen geht irrtümlich davon aus, dass Menschen unterschiedlicher Generationen, Kulturen und Länder sehr unterschiedliche Erwartungen haben, was ihre Arbeit angeht. Die allermeisten Beschäftigten überall auf der Welt stellen unabhängig von Alter und kultureller Orientierung drei Grunderwartungen an ihre Arbeit.“ Das sind:

- **Erfolg.** Wir wollen stolz auf unsere Arbeit sein können.
  Also: Eins sein mit dem, was wir tun;
- **Freundschaft.** Wir wollen positive und produktive Beziehungen zu unseren Kollegen erleben.
  Also: eins sein mit Anderen;
- **Gerechtigkeit.** Wir wollen in Dingen wie Gehalt, Prämien und Arbeitsplatzsicherheit fair behandelt werden.
  Also: Arbeitseinsatz und Ertrag sollen eins sein.

Diese Erkenntnis basiert auf der Befragung von etwa 3,5 Millionen Beschäftigten in Hunderten von Betrieben aller Branchen. Jeffrey Saltzman, der Geschäftsführer von Sirota, sagt dazu: „Die Annahmen mancher Manager über Unterschiede zwischen Generationen und Kulturen mögen außerhalb der Arbeitswelt eine gewisse Berechtigung haben, aber wer sich in der Arbeitswelt von solchen Gedanken leiten lässt, ist einem Mythos aufgesessen. Geht ein Manager beispielsweise davon aus, dass Mitarbeiter der Generation X ganz besondere Bedürfnisse haben, wird er Strategien entwickeln, die sich an dieser Annahme und nicht an den realen Erwartungen dieser Menschen orientieren. So vergeudet er nicht nur Zeit und Mittel; er riskiert auch, dass die Annahme sich selbst bestätigt und ein Teufelskreis entsteht."

Tatsache ist, dass wir eins sind und dass alle Bemühungen, die Menschen mit allerlei Erbsenzählerei auf Schubladen zu verteilen, nur einem überholten und hinderlichen Separierungsdenken Vorschub leisten.

So liegt der Gedanke nahe, dass wir nur das Gegenteil all dessen leben müssen, was uns behindert – das Gegenteil von Mangel an Mut, von Unechtheit, von fehlender Bereitschaft zu dienen, von Unaufrichtigkeit, Lieblosigkeit und Ineffektivität –, um unsere Stärken hervortreten zu lassen, mit denen alles zu bewältigen ist. Dieser Gedanke war die Geburt der CASTLE-Prinzipien.

Wenn ich diese Prinzipien im Folgenden erläutere, plädiere ich gleichzeitig für ein grundlegend neues Verständnis von Führung nicht nur in der Arbeitswelt, sondern im Leben überhaupt. Warum bleibe ich nicht bei der gewohnten Unterscheidung von „Arbeit" und „Leben"? Weil sie unnötige Zersplitterung und Abgrenzung mit sich bringt. Arbeit und Leben sind nicht getrennt, weil es in Wirklichkeit nur *eins* gibt, und das nennt man *Leben*. Arbeit ist einfach ein Teil davon. Das endlose Ringen um einen Ausgleich, um ein Gleichgewicht zwischen Arbeit und Leben kann zu nichts führen, weil der Gegensatz nicht existiert. Die modernen Kommunikationswege, die Globalisierung der Arbeit, die vollkommene Veränderung dessen, was wir Arbeit nennen, und die zunehmende Vermischung der Kulturen unterstreichen das. Alle Bemühungen um „Gleichgewicht" zeigen nur unseren Hang zum Separierungsdenken. Wir werden das Leben wieder als Einheit wahrnehmen, wenn wir uns als bewusste, inspirierende Führungspersönlichkeiten verstehen und uns bemühen, ein nicht zersplittertes Leben zu führen. Die Frage ist also nicht, wie wir Arbeit und Leben ins Gleichgewicht bringen, sondern wie wir aus der Erkenntnis, dass alle Teile in Wirklichkeit eins sind, ein ganzheitliches Leben führen.

Dieses Buch wurde für Menschen geschrieben, die in irgendeinem Bereich des Lebens – als Manager oder Berater, Teamleiter, Firmenchefs oder Personalfachkräfte, als Eltern, Lehrer, Coaches, Workshop- und Seminarleiter, als Beamte, Geistliche, Mitarbeiter von Non-Profit-Organisationen oder Therapeuten – Führungsverantwortung tragen. Also für alle, die es sich zur Aufgabe gemacht haben, zu dienen, zu führen und anzuleiten. Es möge ihnen helfen, ihr Leben aufzuwerten und mehr Sinn darin zu finden.

Ich habe viele aufschlussreiche Beispiele von Menschen und Organisationen eingeflochten, die mit Hilfe der CASTLE-Prinzipien ein Gespür für die Einheit des Lebens bekommen haben. Dieses Buch ist in mancher Hinsicht ein praktischer Leitfaden. Aber wir könnten es auch eine Sammlung von Geschichten nennen – Geschichten über herausragende Menschen, die sich in ihrem Alltag an Gedanken und Theorien orientieren, die wahrhaftig funktionieren.

Erster Teil

Die Kunst des Einsseins

Kapitel

1

Einssein – der neue Imperativ

Wir haben lange in der Illusion gelebt, wir existierten gesondert und getrennt. Schmerz und Traurigkeit zeigen uns an, dass sich etwas Trennendes zwischen uns und das, was wir lieben geschoben hat. Begeisterung und Freude zeigen an, dass wir mit dem Geliebten eins sind. Alles Schwierige und alles Gelingen lässt sich so erklären.

> Wenn wir keinen Frieden haben, dann deshalb, weil wir vergessen haben, dass wir zueinander gehören.
>
> *Mutter Teresa*

Wenn wir uns in jemanden verlieben, ist es so, als wären wir eins: zwei Seelen, eine Flamme. Das Gefühl täuscht nicht: Wir sind eins.

Wenn wir etwas wirklich sehr gern tun oder etwas unser Herz höher schlagen lässt, fühlen wir uns eins damit, und wir sind es.

Wenn uns die Gefährdung der Natur oder die zunehmende Gewalt in der Welt Schmerzen bereitet, dann deshalb, weil wir die Schmerzen der Opfer mitempfinden. Und wir empfinden sie mit, weil wir eins sind.

Stellen Sie sich einen klaren, sonnigen Tag vor. Sie machen genüsslich Rast in Ihrem Lieblingsbistro, natürlich draußen unter einem Sonnenschirm. Der leckere Krabbencocktail, den Sie bestellt haben, wird eben gebracht, und Sie bestaunen die herrlich angerichtete Pracht. Sie wissen die Künste des Kochs in diesem Bistro wirklich zu schätzen, und wie immer, wenn Ihnen etwas begegnet, worin Kreativität oder souveränes Können zu spüren sind, regt sich in Ihnen die Frage: „Wie machen die das bloß?" In diesem Fall interessiert es Sie, woher die Köstlichkeiten kommen, wie man es schafft, sie so wunderbar anzurichten, und was überhaupt alles dazugehört, damit so etwas Köstliches auf den Tisch kommen kann. Unwillkürlich wandern Ihre Gedanken zum Meer, zu Seefahrt und Fischerei. Immerhin lebt eine Milliarde Menschen in einem 100 Meilen breiten Streifen entlang der Meeresküsten. Viele dieser Menschen sind für ihren Lebensunterhalt auf das Meer angewiesen, und für alle ist es wichtig, dass Meer und Land in einem stabilen Wechselverhältnis zueinander stehen.

Die weltweite Krabbenproduktion hat in den vergangenen fünfzehn Jahren einen enormen Zuwachs erlebt. Sie stieg von 2,9 auf 4,5 Millionen Tonnen pro Jahr, wobei Asien die wichtigste Erzeugerregion ist. Thailand, heute der größte Einzelproduzent, nimmt jährlich zwei Milliarden Dollar aus dem Krabbenexport ein. Allein die Bürger der USA verbrauchen Krabben im Wert von vier Milliarden Dollar jährlich, 88 Prozent davon werden importiert. Die Hälfte der weltweiten Krabbenproduktion stammt inzwischen aus Zuchtfarmen, und die Preise sind in den vergangenen zehn Jahren um die Hälfte gefallen.

Aber um Krabbenfarmen anzulegen, muss man Mangroven abholzen. Die tropischen Küsten der Welt waren einst zu mehr als drei Vierteln mit Mangrovenwäldern bewachsen. Heute sind es weniger als 37 Prozent. Vor gerade einmal 50 Jahren war der Indische Ozean ringsum von endlosen Mangrovenwäldern eingefasst – von sumpfigen Regenwäldern, die sich in den flachen Berührungszonen von Land und Meer ansiedeln. Mangrovenwälder sind Treibhäuser der Artenvielfalt. Sie bergen einen schier unglaublichen Reichtum an Salzwasser liebenden Bäumen, Farnen und Sträuchern. Hunderte von Vogelarten leben in den Mangroven, Meereslebewesen sind hier sehr zahlreich – Plankton, Weicht- und Schalentiere ebenso wie Fische –, und daneben tummeln sich Krokodile, Affen, Wildkatzen, Eidechsen, Meeresschildkröten.

Mit der wirtschaftlichen Expansion und Diversifikation einstiger Entwicklungsländer sind nicht nur Mangrovenwälder, sondern auch schützende Dünen und Korallenriffe immer weiter zurückgedrängt worden. An ihrer Stelle sind nicht nur Krabbenfarmen, sondern auch Sandstrände entstanden, was wiederum einen enormen Zuwachs an Tourismus und unzählige Hotelneubauten zur

Folge hatte und überhaupt die küstennahen Landstriche mitsamt den Städten grundlegend verändert hat.

Als Fischer rund um den Indischen Ozean sich am Morgen des 26. Dezember 2004 auf den Weg zu ihren Booten machten, fiel ihnen schon unterwegs auf, dass nirgendwo wilde Tiere zu hören oder zu sehen waren wie sonst immer, aber sie dachten nicht weiter darüber nach. Sie machten sich an die Arbeit und stellten erstaunt fest, dass an diesem Tag ein ungewöhnlicher Fischreichtum herrschte – an Makrelen, Tintenfischen, Red Snapper, Sardinen, White Snapper. Sie hatten noch nie solche Massen in solcher Vielfalt erlebt. In Mengen kamen sogar Fische vor, die in diesen Gewässern sonst kaum zu finden sind, zum Beispiel Gelbe Stachelwelse und Tigerfische.

An diesem Morgen jubelten die Männer über die Fülle an Fischen, und da der Überfluss nicht lange anhalten konnte, holten sie mit ihren Netzen so viel ein, wie die Boote trugen. Zumal in den drei vorangegangenen Wochen ein seltsamer Fischmangel geherrscht hatte – das Meer schien irgendwie tiefer als sonst gewesen zu sein.

Jetzt dagegen schien das Wasser abzulaufen, schneller und weiter, als man es je gesehen hatte. Korallenriffe tauchten auf, die sonst weit unter der Wasseroberfläche lagen. Irgendetwas sehr Merkwürdiges geschah hier. Eigentlich hätte jetzt Flut sein müssen, aber das Wasser zog sich zurück. An Land achtete kaum jemand darauf, dass der Strand einen Kilometer breiter geworden war als sonst und überall Boote im nassen Sand lagen.

Aber in der Ferne tauchte eine schwarze Wasserwand auf, die sich mit hoher Geschwindigkeit näherte. Der Tsunami riss 300.000 Menschen in den Tod. Außerdem fielen dem nachfolgenden Chaos allein in Indonesien und Sri Lanka eine Million Arbeitsplätze zum Opfer.

Überall da, wo es Mangrovenwälder gab, waren die Folgen weniger verheerend, zum Beispiel in Pichavaram und Muthupet in Südindien. Auch nah am Epizentrum des Bebens, auf der indonesischen Insel Nias, waren die Menschen von Mangroven geschützt. In Burma und auf den Malediven blieben die Schäden geringer, weil Mangroven und Korallenriffe hier noch weitgehend intakt waren.

Sie in Ihrem Bistro denken vielleicht, der Krabbencocktail, die Weltmarktpreise für Krabben, Freunde im Urlaub, das Schweigen der Tiere, Mangroven, Arbeitslosigkeit, Tsunamis und Tod und Zerstörung in zwölf Ländern seien Dinge, die nichts miteinander zu tun haben. Aber wir sind Teil eines universalen Gewebes. All diese einzelnen Phänomene sind zwar unsichtbar, aber sehr tief und fein miteinander verwoben. Sie sind eins.

Was ich hier geschildert habe, ergibt bei Weitem noch kein vollständiges Bild aller möglichen Folgen und Hintergründe des stetig wachsenden Krabbenhungers, und wir werden sie vielleicht nie alle kennen oder die Verbindungen ziehen, die sie erkennbar machen würden. Aber wir können den Gedanken des Einsseins verinnerlichen und unser Leben so einrichten, dass die heilige Verbundenheit aller Dinge berücksichtigt ist und die Auswirkungen unseres Handelns auf das Ganze bedacht sind.

Wenn wir Verantwortung an dieser Stelle in unserem Herzen entspringen lassen, dann wird alles weitere sich von selbst ergeben.

Das Getrenntsein beenden

Nach Erkenntnissen des Wirtschaftsforschungsinstituts The Conference Board empfinden 40 Prozent der Beschäftigten keine Verbundenheit mit ihrem Unternehmen, und zwei Drittel identifizieren sich nicht mit den geschäftlichen Zielen ihrer Arbeitgeber oder sehen keinen Anlass, sie darin zu unterstützen. Etwa 25 Prozent kommen nur des Gehaltes wegen zur Arbeit. Eine Studie an einer Universität im Mittleren Westen ergab, dass psychische Probleme bei den Studenten zwischen 1988 und 2001 drastisch zugenommen haben. Die Zahl der Studenten, die wegen Depressionen Hilfe suchen, hat sich verdoppelt, die Zahl derer, die an Selbstmord denken, sogar verdreifacht. Nach Berechnungen des National Institute of Mental Health müssen wir davon ausgehen, dass 13 Prozent der US-Bürger zwischen 18 und 54 Jahren – das sind 19 Millionen Menschen – an Angststörungen leiden und 9,5 Prozent an depressiven Störungen. Ähnliche Studien gibt es aus vielen Regionen der Erde. Ja, die Trübsal und das Unglück des Getrenntseins haben einen hohen Preis.

In den vergangenen Jahren ist uns immer deutlicher bewusst geworden, dass das Gefühl von Getrenntsein nicht nur der Realität widerspricht, sondern auch Krankheiten des Körpers und – noch schlimmer – der Seele mit sich bringt. Dabei ist uns zugleich bewusst geworden, dass die Welt kleiner, vernetzter und integrierter geworden ist. Sehnsucht nach Einheit und die Erfahrung von Einheit sind, wie wir noch sehen werden, nichts Neues. Aber heute spüren wir überall auf der Welt mit neuer Dringlichkeit, dass es Zeit wird, zum Einssein zurückzukehren. Gemeinschaft wird immer wichtiger, Individualismus ist bereits Geschichte. Die Wirklichkeit – neu für manche, Alltag für andere – ist, dass wir eins sind.

Wir sind vielfältiger verbunden, als uns bisher klar war. Die Brauerei Anheuser-Busch, die Reis aus Missouri zum Brauen ihrer Biere verwendet, war sehr beunruhigt, als bekannt wurde, dass die Firma Ventria Biosciences in Missouri genmanipulierten Reis anbauen wollte, der sogar menschliche Gene enthält. Mit den zusätzlichen Genen produziert die Pflanze zwei Eiweißstoffe, aus denen Ventria Medikamente gegen Verdauungsstörungen herstellen will. Die Brauerei befürchtete, dass genmanipulierter Reis in die eigenen Anbaugebiete einwandern und zuletzt das Bier verändern könnte. Als die Brauerei schließlich ankündigte, sie werde Reis aus Missouri boykottieren, wenn die Pläne für Gen-Reis umgesetzt würden, beschloss Ventria, den Gen-Reis anderswo anzubauen. Das ist die Wirklichkeit: Alles in unserem Leben ist vernetzt. Wir sind eins.

- Wenn wir Lieferanten gnadenlos unter Druck setzen, damit sie mehr Service und bessere Qualität zu niedrigeren Preisen liefern, treiben wir sie letztlich in den Ruin, und dann verlieren beide Seiten. Erzeuger und Verbraucher sind eins.
- Nach einem bitteren Streit mit unserem Ehepartner ist nicht nur die Gegenseite verletzt, sondern wir selbst sind es auch, weil unsere Beziehung – unser Einssein – dabei belastet wird. Das schadet unserer Partnerschaft und deshalb uns beiden, aber auch unseren Kindern und

Freunden, unserer Arbeit, unserer Gesundheit. Wir fühlen uns nicht mehr wohl.[2]

- Wenn ich meine leere Coladose während der Fahrt aus dem Wagenfenster werfe, bilde ich mir vielleicht ein, dass sie jetzt nicht mehr zu meiner Welt gehört, aber da irre ich mich. Wenn Millionen andere das auch so machen, gefährden wir die Flüsse und das Grundwasser und damit unser Trinkwasser. Die Erde ist kein offenes, sondern ein geschlossenes System.
- Wenn ich meine Angestellten, Kunden oder Lieferanten betrüge und bestehle, denke ich vielleicht, dass ich damit durchkomme. Aber auch das stimmt nicht, wie die zunehmende Zahl der Prozesse gegen korrupte Firmenbosse zeigt.
- Wenn wir einem Kind Mut machen, etwas Besonderes auf die Beine zu stellen, verändern wir die Welt. Wir sind eins.

In diesen und vielen anderen Beispielen, die ich noch schildern werde, sind stets Ursachen und Wirkungen zu erkennen. (Das sind die Begriffe, die wir im Westen verwenden; im Osten würde man von *Karma* sprechen.) Ein Handeln ohne Folgen gibt es nicht, nirgendwo. Wir sind eins.

Das Ausmaß der Selbsttäuschung, die durch unseren Glauben an Getrenntheit erschaffen und in der wir die Bereiche unseres Lebens als voneinander isoliert betrachten, ist wirklich atemberaubend. Denken wir an Bernie Ebbers, den früheren Geschäftsführer der Firma WorldCom, der im Alter von 63 Jahren überführt und zu 25 Jahren Haft verurteilt wurde, weil er den größten Fall von Veruntreuung in der Geschichte der Vereinigten Staaten eingefädelt hatte – mit elf Milliarden Dollar Schaden. Seine Anwälte

[2] *Eine 2005 in der Dezemberausgabe der Zeitschrift* Archives of General Psychiatry *veröffentlichte Studie lässt erkennen, dass Ehepartner in von Feindseligkeit geprägten Ehen ständig ein erhöhtes Stressniveau aufweisen, das die Wundheilung verlangsamt und im Blut vermehrt entzündungsfördernde Zytokine auftreten lässt. Dies wird mit einer erhöhten Anfälligkeit für folgende Störungen und Krankheiten in Verbindung gebracht: Depressionen, Herzkrankheiten, Osteoporose, Arthritis, Typ-II-Diabetes, Krebs und allgemeiner körperlicher Verfall.*

versuchten als mildernden Umstand geltend zu machen, dass er von dem ergaunerten Geld sehr reichlich an Wohltätigkeitsorganisationen gespendet hatte! Dahinter steht ein mentaler Zaubertrick, der das Stehlen mit der einen Hand und das Austeilen mit der anderen als zwei getrennte Dinge erscheinen lassen will. Diese Illusion setzen wir fort, wenn wir beispielsweise glauben, wir könnten anderen schaden, ohne uns selbst zu schaden. Tatsächlich ist es ganz anders. Wenn wir einen Kunden verprellen, schaden wir uns selbst – grundsätzlich deshalb, weil wir in ein und derselben Welt leben, und in diesem Fall zusätzlich dadurch, dass wir einen Kunden verlieren.

Die Illusion besteht darin zu glauben, das jeder Einzelne für sich existiere: dass der Kaugummi, den ich im Kino unter den Sitz klebe, dadurch aus meiner Welt verschwunden ist; dass der Ärger, den ich an Ihnen auslasse, anschließend Ihr und nicht mehr mein Problem ist; dass meine Abteilung oder meine Firma etwas ganz anderes ist als Ihre; dass ich, wenn ich einen Konkurrenten niedermache, nur gewinnen kann und die unangenehmen Folgen seine Sache sind. Die Illusion sagt, dass unser Handeln und wir selbst verschiedenerlei sind, dass wir voneinander, von anderen Regionen, anderen Kulturen, anderen Religionen, anderen Firmen und anderen Überzeugungen getrennt existieren. Und wenn wir entsprechend handeln, indem wir beispielsweise unseren Kunden einen armseligen Service bieten oder Angestellte ausbeuten, erzeugen wir immer mehr Getrenntheit.

Die Menschen fühlen sich der Geschäftswelt immer mehr entfremdet, und das ist für das Wirtschaftsleben nicht förderlich. Allenthalben zeigt sich mit zunehmender Deutlichkeit, dass es tatsächlich nur Einheit gibt und nichts gesondert oder für sich existiert. Schon Martin Luther King hat gesagt: „Ungerechtigkeit irgendwo bedroht die Gerechtigkeit überall."

Um leben zu können, muss ich atmen. Wenn keine Luft mehr da ist, bin ich auch nicht mehr da, deshalb bin ich eins mit der Luft. Im gleichen Sinne sind auch das Wasser und ich eins. Das Wasser und die Luft und Sie und ich – wir sind allesamt eins, denn wir existieren in wechselseitiger Abhängigkeit. Wir und ausnahmslos alles ringsum sind eins.

Die Welle ist nicht vom Meer getrennt. Der Sauerstoff im Wassermolekül ist nicht vom Wasserstoff getrennt. Die Welle ist nicht vom Teilchen getrennt. Ich bin nicht von Ihnen getrennt. Nichts ist von irgendetwas getrennt. Wir sind eins.

Transparenz macht das Ganze erkennbar

Firmen, Regierungen, Gesundheits- und Bildungseinrichtungen, Strafvollzug, Wohltätigkeitseinrichtungen, Verbände und religiöse Gruppierungen werden heute genauer beobachtet als je zuvor und agieren zunehmend in dem Bewusstsein, dass sie für ihr Tun Rede und Antwort stehen müssen, weil alles früher oder später unter die Lupe genommen wird, in den Medien erscheint und womöglich vor einem Untersuchungsausschuss landet. „Innere Angelegenheiten" sind Geschichte. Der Sarbanes-Oxley-Act in den Vereinigten Staaten und der als Basel II bekannte internationale Kapitalstandard der Europäischen Union sind nur zwei von etlichen neuen Initiativen, die eine Änderung der Spielregeln anstreben und im Wirtschaftsleben Offenheit und Fairness unabdingbar machen wollen.

Während eines Flugs nach England nahm ich mit Erstaunen die folgende Schlagzeile zur Kenntnis: „Elliott Spitzer rüttelt die britische Versicherungsbranche wach". Gemeint war die Durchleuchtung der amerikanischen Versicherungsindustrie durch den Generalstaatsanwalt von New York. Beachten Sie: Wir sprechen hier von *einem* Beamten in *einem* US-Bundesstaat, dessen Tätigkeit sich auf Tausende Menschen überall auf der Welt auswirkt. Dieser eine Mann hat bei Investmentfonds einiges bewegt, die Börsenanalyse an der Wall Street verändert, pharmazeutische Unternehmen gezwungen, ihre klinischen Erprobungspraktiken offenzulegen, und weltweit die Beziehungen zwischen Versicherungsgesellschaften und Maklern auf eine neue Basis gestellt.

Technik vereint

Die Technik ist nur eine von vielen Kräften, die uns deutlich machen, dass wir alle verbunden sind. Sie führt uns, ob wir wollen oder nicht, ans Licht der Transparenz und Fairness. Deutlicher als je zuvor wird erkennbar, wie weit gehend wir verbunden sind und voneinander abhängen. Die Technik dient dieser zunehmenden Transparenz dadurch, dass sie Zusammenhänge offenbar macht *und* verstärkt.[3] Wir sind eins.

Nehmen wir die Präsidentschaftswahl in Südkorea 2002, als der demokratische Außenseiterkandidat Roh Moo Hyun sieben Stunden vor Schließung der Wahllokale einen herben Rückschlag hinnehmen musste. Sein Verbündeter Chung Mong Joon, der Führer der Partei Nationale Allianz 21, kündigte ihm überraschend die Gefolgschaft auf. Zuvor hatten schon drei der wichtigsten Tageszeitungen Südkoreas Roh angegriffen und ihn als einen gefährlichen Linken beschrieben, der sicher unterliegen werde. Auch Meinungsumfragen hatten gezeigt, dass Roh ein gutes Stück hinter seinem Rivalen Lee Hoi Chang, dem Führer der Nationalpartei, zurück lag. Nach dem Rückzug der Nationalen Allianz 21 schien nun die letzte Hoffnung für Roh verflogen zu sein. Doch es kam ganz anders.

Der Autodidakt Roh stammte aus einer armen Familie und war in früheren Jahren inhaftiert worden, weil er als Rechtsanwalt Dissidenten im Kampf gegen die damaligen Militärregimes unterstützt hatte. 1981 verteidigte Roh einen Studenten, gegen den völlig überzogene Anklagen wegen staatsfeindlicher Umtriebe erhoben worden waren, und auch später war er vorwiegend als Menschenrechtsanwalt tätig, immer auf der Seite der Kämpfer für Demokratie und die Rechte der Arbeiterschaft. Das machte ihn bei der Jugend und vor allem bei den Studenten beliebt. Sie bewunderten seinen Mut, seine Integrität, seine Unabhängigkeit – und sie riefen einen Internet-Fanclub ins Leben, um ihn auf seinem weiteren Weg zu unterstützen. Diese Fangemeinde wuchs mit

3 *Im Softwarebereich kann serviceorientierte Architektur (SOA) als Beispiel für Einssein dienen. Der Begriff beinhaltet, dass Programme unterschiedlicher Zweckbestimmung an gemeinsamen Projekten zusammenarbeiten können, selbst wenn sie in unterschiedlichen Sprachen abgefasst sind.*

der Zeit auf 70.000 Mitglieder an und war an der Entfesselung des so genannten Roh-Taifuns wesentlich beteiligt. Roh wurde durch das Internet unabhängig von „Schwarzgeld“, also von finanziellen Zuwendungen aus der Wirtschaft des Landes (die traditionelle Form der Wahlkampffinanzierung in Südkorea). Überwiegend durch Wahlkampfgruppierungen im Internet kamen umgerechnet rund eine Milliarde Dollar von 180.000 Einzelspendern für Roh zusammen.

So kam es, dass an jenem Wahltag 2002 die Nachricht von Rohs drohender Niederlage in Windeseile von elektronisch versierten Studenten über Internet und Mobilnetze verbreitet wurde. Hunderttausende junger Leute, die hinter Roh standen, führten Millionen von Handygesprächen und versandten 800.000 SMS an Freunde, alle mit dem Aufruf, zur Wahl zu gehen und für Roh zu stimmen.

Ich bin nur eine, aber doch immerhin eine. Ich kann nicht alles tun, aber doch immerhin einiges. Und ich werde mich dem, was ich tun kann, nicht verweigern.
Helen Keller

Gegen zwei Uhr nachmittags zeigte eine weitere Umfrage unter Wählern, die bereits abgestimmt hatten, dass Roh inzwischen zwei bis drei Prozentpunkte vorn lag, und schon kurz nach Schließung der Wahllokale konnte der Sieger ausgerufen werden: Es war Roh.

So selbstverständlich die Technik in unserem Leben geworden ist, sie entfaltet erst jetzt ihre wahre Stärke. Erstmals in der Geschichte ermöglicht sie eine weltweite Vernetzung der Menschen und ihrer Anliegen – zum Guten. Die Technik hebt das Bewusstseinsniveau in der Welt, weil sie uns zeigt, wie viel wir gemeinsam haben, wie sehr wir zu einem Ganzen verbunden sind. Sie gibt uns auch die Möglichkeit, alles, was auf der Welt gedacht und getan wird, kritisch zu betrachten und entweder gut zu heißen oder zu verwerfen. So wird in der Erkenntnis, dass wir alle verbunden und damit Teil eines weltumspannenden Systems sind, ein neues Zeitalter der Beziehungen innerhalb jeder Gesellschaft und zwischen den Gesellschaften anbrechen.

Firmenchefs, Regierungsbeamte, Kirchenführer, Sportler, Entertainer, sogar Mütter und Väter müssen sich heute kritische Blicke gefallen lassen. Sie haben ihren abgesonderten Status, ihre Unantastbarkeit eingebüßt. Uns wird klar, dass wir eins sind und dass mehr Ähnlichkeiten als Unterschiede zwischen uns bestehen. Wir sind Menschen – verletzlich, anfällig, glänzend begabt, neugierig und großartig. Wir leisten Großes und machen Fehler. Wir haben gelernt, dass unsere Idole, die uns in Büchern und Filmen als Inbegriff charismatischer Führerschaft dargestellt wurden, nicht über jeden Zweifel erhaben sind. Allzu schnell werden ihr Finanzgebaren und ihre persönliche Moral durch die enorm beschleunigte Medienmaschinerie ruchbar. Jede Datei, jedes Dokument, das wir hinterlassen, findet seine Betrachter und wird kritisch bewertet.

Die 2001 im Internet gegründete freie Enzyklopädie Wikipedia ist inzwischen weitaus umfangreicher als alle herkömmlichen Enzyklopädien, die in der Regel über sehr viel größere Zeiträume zusammengetragen wurden. Sie lässt erahnen, wie das Web unser Einssein förmlich anzieht und ihm einen Raum bietet. Mehr als eine halbe Million Autoren liefern Beiträge und steuern das System weitgehend ohne übergeordnete Regulationsinstanz; Versuche, die Vertrauenswürdigkeit und Integrität der Wikipedia zu untergraben, werden in kürzester Zeit entdeckt und korrigiert.

Was auch immer wir tun, geschieht nicht nur für unser (scheinbar) gesondertes Ich, sondern für uns alle, denn wir sind tatsächlich eins, und die Technik ebnet uns den Weg in dieses Bewusstsein.

Bewusstes Führen: Der Silberstreif am Horizont

Warum erwacht zurzeit das Interesse an bewusster Führung? Unter anderem deshalb, weil unsere Erwartungen an Menschen in Führungspositionen sich verändern und wir die Nachteile des Trennungsdenkens und das Gebot des Einsseins immer deutlicher wahrnehmen.

In der Vergangenheit haben wir zu Führungsgestalten aufgeblickt. Wir haben sie deutlich von uns selbst abgehoben und aufs Podest gestellt, sie verehrt und ihr Loblied gesungen, als wären sie unsere Erlöser. Zahllose Führungstheorien sind wie Meteoriten über den Nachthimmel der Geschichte geschossen, und jetzt überdenken wir das alles, auch unsere Einstellung zu den Kapitänen unserer Wirtschaft, die es zu Ruhm und höchstem Ansehen gebracht haben, indem sie beispielsweise jedes Jahr die umsatzschwächsten Vertriebsmitarbeiter vor die Tür setzten. Wir wünschen uns mehr als solche Kahlschläge, wir wünschen uns etwas, das unserem Einssein entspricht.

Die Mitarbeiter, denen wir kündigen, sind ja auch unsere Kunden, unsere Freunde, unser Lebensumfeld. Aus sicherer Entfernung ist es leicht, das Loblied einer Firma zu singen, die ihren „Erfolg" ihrer Kündigungspolitik verdankt – aber was ist, wenn Ihre Firma auch so vorgeht und Sie selbst die Kündigung bekommen? Unternehmen, die mit solchen Maßnahmen „erfolgreich" sind, aber in anderer Hinsicht versagen, oder deren „Erfolg" auf Kosten anderer geht, praktizieren etwas obsolet Gewordenes: Trennung. Heute sind die Verbraucher nicht mehr zufrieden, wenn ihre Sneakers nur schick und preisgünstig sind; sie wollen außerdem, dass die Menschen, die solche Schuhe herstellen, angemessen entlohnt werden. Das sind Anzeichen einer durch wachsendes Bewusstsein entstehenden neuen Reife. Uns geht auf, dass wir den Verwirrten, Benachteiligten und Leistungsschwachen lieber helfen sollten, statt sie anzuschreien und zu entlassen; dass wir sie zu besseren Leistungen inspirieren sollten, statt Leistung einfach einzufordern. Das ist eine unschätzbar wertvolle Chance für alle, die bewusst sind, und ein Weckruf für jene, die es noch nicht sind.

Viele Unternehmen, von Nike über McDonald's bis Starbucks, haben bereits mit Veränderungen der Firmenpolitik auf dieses neue Bewusstsein reagiert. Starbucks zum Beispiel bekam erstmals lobende Worte aus der US-Gesundheitsbehörde zu hören, als die Kaffeehauskette Getränkebecher einzusetzen begann, die zu zehn Prozent aus Recyclingmaterial bestehen. Dadurch spart allein dieses Unternehmen jährlich mehr als 2.000 Tonnen Holzfaserstoffe ein.

Natürlich wird der Bewusstseinswandel nicht mühelos vonstatten gehen und nicht auf einen Schlag die Welt verändern. Wir haben unsere Vorbilder für Führungskompetenz aus der Geschichte bezogen, und da handelte es sich immer um Helden, um Leute, die förmlich Wundertaten vollbrachten. So ist das entstanden, was man „Persönlichkeitskult" nennt und was allenthalben zu sehen ist, in der Geschäftswelt, im Sport, in Kultur und Medien. Unsere Beziehungen zu diesen glanzvollen Persönlichkeiten speisen sich aus Abhängigkeit, Macht und Trennungsdenken. Das ist das uralte Verhältnis von Herr und Knecht in moderner Form. Halten wir uns vor Augen, dass die Geschichte an zahllosen Beispielen deutlich macht, wie leicht Menschen sich solchen Führern beugen – denken wir nur an Dschingis Khan, Mussolini, Hitler oder andere psychopathische Despoten. Die Menschheit besitzt eine gewisse Anfälligkeit für das Machtgefasel eines Pol Pot, Idi Amin, Mao Tse-tung oder Stalin. Einflussreiche Anführer können Andere allzu leicht auf ihre Linie einschwenken lassen, wenn die Beziehungen zu ihren Anhängern auf dem Gedanken der Trennung beruhen: auf dem Irrglauben, die Folgen meines Handelns seien irgendwie von mir getrennt und könnten daher weder jetzt noch später mein Problem werden. Wie bei allen radikalen Veränderungen wird auch die Abkehr von diesem Denken zugunsten des neuen Ideals einer bewussten, vom Einssein geleiteten Führungsverantwortung einiges an Herausforderungen mit sich bringen.

Bei Recherchen zu ihrem Buch *Are You Normal About Money?* (Bloomberg Press, 2001) stellte Bernice Kanner fest, dass 25 Prozent der Befragten für zehn Millionen Dollar auf sämtliche Freunde verzichten oder ihr Geschlecht ändern oder sich eine Woche lang als Prostituierte verdingen würden. Sieben Prozent – jeder vierzehnte – würden für diesen Betrag sogar einen Mord begehen! Sehr viele würden dergleichen sogar für drei Millionen Dollar tun, aber auf keinen Fall für zwei! Ist es nicht erstaunlich, wie genau sich der Wert der Tugend beziffern lässt? In diesen rationalen, materialistischen Zeiten haben wir offenbar unsere Prinzipien – mit Preisschildern versehen. Vielleicht demonstriert dieses Zahlenspiel aber noch etwas anderes: Irgendwo scheint uns das Prinzip des Einsseins klar zu sein, aber im Alltag lassen wir uns doch zu einem Agieren nach dem Trennungsprinzip herab – bis es zu brenzlig wird und wir instinktiv zum Einssein tendieren, weil wir tief innerlich wissen, dass wir einander brauchen.

Im Laufe der Geschichte haben Machthungrige es immer wieder verstanden, mit ihrem Auftreten und mit demagogischen Worten ganze Armeen von Anhängern hinter sich zu scharen, die auf ihr Geheiß zu allerlei Schandtaten bereit waren. So sah die Dynamik des vom Persönlichkeitskult abgeleiteten Führungsstils während der vergangenen 1.000 Jahre aus. Im Zeitalter der demokratisierten Informationsmedien funktioniert er aber nicht mehr.

Jetzt begreifen wir, dass der egozentrische, Angst als Hebel nutzende Führungsstil des „Helden" oder der „charismatischen Persönlichkeit" nicht das leistet, was er verspricht, jedenfalls nicht zuverlässig oder beständig. Je deutlicher sich der Gedanke des Einsseins gegen den des Getrenntseins durchsetzt, desto kurzlebiger werden die Ergebnisse, die sich mit angstbesetzten Maßnahmen erzielen lassen. Jedes manipulative Vorgehen, das sich Ängste zunutze macht – Eltern, die ihre Kinder durch Bestechung oder Strafen zur Leistung antreiben; Eheleute, die einander seelisch aushungern, um in der Beziehung die Oberhand zu behalten; verlogene Wahlversprechen; Priester, die für Glaubenstreue Erlösung versprechen; Firmen, die den Mund allzu voll nehmen, was ihre Produkte angeht –, wurzelt ganz offensichtlich in der Illusion der Getrenntheit und wird verschwinden, weil es nicht auf Dauer begeistern kann. Es möchte kontrollieren und gewinnen und ist nicht auf das aus, was Einheit erzeugt, nämlich Gemeinsamkeit und Kooperation.

Wir haben genug von den „rationalen" Zehn-Punkte-Plänen der Menschenführung, die angeblich Erfolg garantieren. In der Zeit nach dem 11. September 2001 hat unser Denken sich geändert. Wir fühlen den Führungsgestalten und ihren Programmen viel intensiver auf den Zahn. Heute schauen wir einander an und fragen: „Wer bist du wirklich? Wofür stehst du, welche Werte repräsentierst du? Wie wirkt dein Verhalten sich langfristig und in der Tiefe aus? Wie weit prägt mein Handeln dein Verhalten mit? Hast du es mehr mit dem Ganzen oder mehr mit deinem Ego?" Wir wünschen uns bewusste Lehrer und Führungspersönlichkeiten, die nicht nur das tun, was gerade noch durchgeht, sondern die liebevoll und achtungsvoll mit Anderen umgehen, die sich auf Werte verpflichtet fühlen und ein inspirierendes, für alles und alle einfühlsames Leben führen. Kurz, wir stellen Fragen, deren Ziel ein tiefer werdendes Gefühl des Einsseins ist.

Dieses neue Denken hat für uns alle einen großen, Hoffnung stiftenden Nutzen: Wir nehmen immer stärker das Gute in den Menschen wahr – und ihre Fähigkeit, Einheit zu schaffen.

Kapitel

2

Der Verlust des Einsseins

Das Ideal der Einheit darf uns nicht darüber hinwegtäuschen, dass wir an ein Denken in Trennungen gewöhnt sind. Und Gewohnheiten sind schwer zu durchbrechen.

Über Jahrtausende haben wir das Getrenntsein perfektioniert und eingefahrene Gleise für unser Denken und Urteilen in Erziehung und Familie, in Politik, Religion, Wirtschaft, Medien und persönlichen Beziehungen geschaffen. So wurde die Welt ein Flikkenteppich aus getrennten Einzelteilen. Überall gibt es „richtige und falsche" oder „gute und schlechte" Denk- und Verfahrensweisen. 6.000 Jahre Gewohnheitsbildung lassen sich nicht einfach aushebeln, und die Vertreter des alten Paradigmas werden sich nach Kräften wehren, werden jedes noch so weit hergeholte Argument benutzen, um ihr altes und (scheinbar) bequemeres Denken zu verteidigen.

Es ist nicht leicht, eine anspruchsvolle, tiefgründige Dokumentation fürs Fernsehen zu drehen, wenn der Film alle zwölf Minuten von tanzenden Kaninchen unterbrochen wird, die von Klopapier singen.

Rod Serling

Aber wie schon der Sufi-Dichter Rumi im 13. Jahrhundert sagte: „Da draußen hinter den Vorstellungen von richtigem und falschem Handeln ist offenes Land. Da erwarte ich dich." Es ist wichtig, dass wir über das „richtig" und „falsch" des dualistischen Denkens – des Getrenntseins – hinausblicken, und das gelingt am besten, wenn wir aufgeschlossen bleiben und die Stimmen des Einsseins hören.

Quantitativ sind wir heute ja bessere Zuhörer als je zuvor. Wir empfangen Medien, Internet, Nachrichten, Klatsch und Tratsch,

Werbung, Börsenkurse und andere Statistiken. In den vergangenen 500 und besonders in den vergangenen 100 Jahren ist unser Aufnahmevermögen für alles, was Naturwissenschaft, Verstand, rationale Argumentation, Logik und Analyse betrifft, drastisch angestiegen. Aber worauf hören wir dafür *nicht* mehr? Auf unser Unbewusstes, unsere Intuition, auf alte und neue Mythen, auf die Mysterien des Lebens und das Magische ringsum. Diese Stimmen sind uns weit gehend verloren gegangen, weil sie heute im Vergleich zu quantifizierbaren Daten als minderwertige Erkenntnisquellen gelten.

Mythen, Mysterien und Magie

In seinen Dialogen *Critias* und *Timaios* spricht Platon (427–347 v. Chr.) von einem Volk, das vor mehr als 11.000 Jahren auf einer Insel namens Atlantis lebte. Auf dieser Insel lebten vielfach begabte Menschen, die eine Hochkultur und beträchtlichen Reichtum geschaffen hatten; Atlantis war ein Handelszentrum von großem Einfluss. Der Ort hatte einst zum Reich des Meeresgottes Poseidon gehört. Aber Poseidon verliebte sich in eine Sterbliche namens Cleito und schuf für sie einen prunkvollen Wohnsitz auf einem Felsen, den er zu ihrem Schutz mit Land und Wasser umgab; so entstand Atlantis. Cleito gebar fünf Mal Zwillinge, lauter Jungen, und sie waren die Herrscher von Atlantis. Auf einem Hügel in der Landesmitte standen zwei Tempel; in einem von ihnen ragte eine riesige goldene Statue Poseidons in einem von geflügelten Pferden gezogenen Streitwagen empor. Dort wurden Gesetze erörtert, dort wurde zu Gericht gesessen und Poseidon gehuldigt. Elefanten bevölkerten das Land, und zwei Ernten pro Jahr sorgten dafür, dass es Kräuter, Früchte und Schlachttiere in Fülle gab. Über Generationen lebten die Menschen von Atlantis ein friedliches und tugendhaftes Leben.

Platons Darstellung folgt einem Bericht, der ursprünglich von Solon (640–560 v. Chr.) stammt, dem alten Weisen und Gesetzgeber Athens. Als Solon sich in der Ortschaft Sais im Nildelta aufhielt, erzählten ihm ägyptische Priester vom Untergang des großen Inselreichs. Im *Timaios* zitiert Platon den Bericht, wie die Alten ihn überliefert hatten:

Nun gab es auf dieser Insel Atlantis ein großes und mächtiges Reich, zu dem nicht nur die Insel selbst und etliche andere gehörten, sondern auch Teile des Festlandes ... Dann jedoch geschahen heftige Erdbeben und Überflutungen, und an einem einzigen Tag und der darauf folgenden Nacht versank ... die Insel Atlantis ... in den Tiefen des Meeres.

Die Legende von Atlantis ist typisch für viele Mythen, an denen sich das Denken und Handeln der Menschen in früheren Zeiten orientierte. Es war die vorwissenschaftliche Zeit, die den Großteil der Menschheitsgeschichte ausmacht. Was wir heute unter Wissenschaft verstehen, gab es damals noch nicht. Die Menschen suchten ihre Orientierung anderswo. Wenn es um schwierige Entscheidungen ging, hielten sie sich zum Beispiel an Mythen, die meist in mündlicher Form über Generationen tradiert worden waren wie die Geschichte von Atlantis. Solche Mythen waren mit der Zeit Bestandteil des kollektiven Glaubenssystems geworden und dienten als Grundlage für Entscheidungen.

Für uralte Menschheitsfragen, zum Beispiel „Wie sind wir hierher gekommen?“, gab es eine Fülle von Antworten aus Schöpfungsmythen, die einander in vielen Kulturen verblüffend ähnlich sind. Fast überall finden wir ähnliche Motive: die uranfängliche Leere, Geburt, eine Flut, gute und böse Mächte, Ungehorsam, Übergangsphasen des Lebens, Strafe, Verbannung, Tod und Erlösung.

In dieser vorwissenschaftlichen Zeit musste vieles unerklärlich bleiben und in ebenso weiser wie tröstlicher Selbstbescheidung als Mysterium, als tiefes Geheimnis genommen werden. Wie das Firmament entstand, wie Pflanzen wachsen, was Donner ist – es genügte uns, dergleichen als Mysterium zu nehmen. Vor 6.000 Jahren verstanden wir die naturwissenschaftlichen Zusammenhänge nicht, also erfanden wir etwas und nannten es Mysterium. Und manchmal sahen wir uns nicht einmal bemüßigt, überhaupt eine Antwort zu finden. Es war einfach so. Man musste nichts darüber wissen.

Ich plädiere nicht für eine Rückkehr zur Unwissenheit, wohl aber für eine neue Hinwendung zu den Mysterien des Universums, die vielleicht unseren Sinn für die Wunder dieser Welt erneuert, insbesondere für den wunderbaren Zusammenhang von Ich und Du. Wenn wir an jeden Augenblick unseres Lebens herangehen, als wäre er ein zu lösendes wissenschaftliches Problem, wie soll dann Raum für Mysterien und ihre tiefe Weisheit bleiben?

Man kann auf zweierlei Weise leben: als wäre nichts ein Wunder oder als wäre alles ein Wunder.
Albert Einstein

Zusammen mit einem Freund (der damals noch mein Klient war) betrachtete ich einst einen Sonnenuntergang, der ein atemberaubendes Farbenspiel an den Himmel zauberte. John ist ein ganz ausgezeichneter Vertreter des bewussten Führungsstils, und da er mich als Coach aufgesucht hatte, versuchte ich ihm nahe zu bringen, wie er Mythen, Mysterien und Magie ebenso gezielt ins Kalkül ziehen konnte wie Wissenschaft, Verstand und Logik. Ich fragte ihn: „John, was sehen Sie, wenn Sie einen Sonnenuntergang verfolgen?"

„Ich sehe Umweltverschmutzung und den Dunst von Inversionsschichten", sagte er. „Ich frage mich, wie weit der Horizont weg sein mag. Wie lange wird die Sonne wohl noch brauchen, bis sie ganz untergegangen ist? Ich habe mich schon oft gefragt, weshalb in dem Augenblick ein leuchtend grüner Fleck erscheint. Ich denke daran, dass Menschen anderswo diese für mich untergehende Sonne gerade aufgehen sehen, und wüsste gern, wo das ist und was das für Menschen sind. Wie heiß ist die Sonne, wie viele Jahre wird sie noch existieren? Sie ist ganz schön heiß, wissen Sie. Nur 0,03 Prozent dessen, was an Sonnenlicht auf die Erde fällt, würde unseren gesamten Energiebedarf decken. Wussten Sie, dass 109 Erden aneinandergereiht so breit wie die Sonne sind?"

Ich fragte ihn: „John, was Sie da sagen, ist alles wichtig und interessant. Aber kommen Sie jemals dazu, einfach nur den Sonnenuntergang zu betrachten, staunend und meditativ? Sind Sie jemals nur eins mit der Sonne, ohne Analyse, Zahlen und Fakten?"

Wo das Geheimnisvolle des Lebens uns wertvoll ist, kann neues Einssein entstehen – der Betrachter steht dem Betrachteten nicht getrennt und analysierend gegenüber, sondern ist eins mit ihm. Die Wissenschaft ist nicht im Irrtum, sie ist aber eine einseitige Betrachtung des Lebens. Mythen, Mysterien und Magie können dieses Bild vervollständigen.

In vorwissenschaftlicher Zeit fiel immer bestimmten Menschen in einem Stamm oder einer Sippe die Rolle des Magiers zu, des Schamanen, Heilers, Heiligen oder Priesters, der die Magie zu bewahren hatte. Vor wichtigen Entscheidungen suchte man den Magier auf, der dann einen Zaubertrank kochte, ein Ritual ausführte, vielleicht auch tanzte oder betete oder eine Opferung vornahm. Worum es auch gehen mochte – Wetter, Gesundheit, Fruchtbarkeit, materielle Versorgung oder äußere Sicherheit –, der Magier würde etwas finden, das die Gemeinschaft an die Lösung ihrer Probleme und Zweifel heranführen konnte.

Mythen, Mysterien und Magie waren demnach wichtig für alle Entscheidungen und überhaupt für den Weg durchs Leben. Sie galten als universale Wahrheiten, in denen alle Erklärungen und alle Antworten lagen. Sie waren das, worin wir uns verbunden und vereint fühlten, und wir befragten sie zu einfach allem, ob es um die Ernte, erfolgreiche Jagd, Partnersuche, die Gründung einer Familie oder die Wahl des Berufes oder Geschäftes ging. Auf diesem Wege lösten wir Konflikte, formten unsere Lebenserfahrung und steckten unseren Weg durchs Leben ab. Die tröstliche Gewissheit unseres gemeinsamen Besitzes an Mythen, Mysterien und Magie sicherte auch den Sinn unseres Lebens. Wir waren eins, und wir sahen alles als Ganzheit. Die Natur zu achten, war uns selbstverständlich, denn allen war klar, dass jeder Verstoß gegen ihre Prinzipien auf uns zurückfallen würde. So war es in jener Welt, in der wir noch instinktiv um unsere Einheit wussten.

Wie der Trennungsglaube entstand

Unser heutiges Bild des Lebens lässt sich auf die frühgriechischen Denker, insbesondere die Vorsokratiker zurückführen. Sie gehörten zu den ersten, die das überlieferte mythische Weltbild verwarfen und die Dinge rational zu erklären versuchten. Die wahre Natur der Welt sollte sich durch Beobachten und schlussfolgerndes Denken erschließen, und diese Sicht der Dinge trachteten sie mit rationalen Argumenten zu untermauern.

Auf Sokrates (470–399 v. Chr.), den viele auch als den Vater der Ethik sehen, geht ein Forschungsansatz zurück, der die schrittweise Eliminierung von Hypothesen anstrebt, ein „negativer" Ansatz also, der sokratische Methode genannt wird. Eine Hypothese wird anhand der Frage überprüft, ob sie zu widerspruchsfreien Schlussfolgerungen führt – wenn nicht, treten neue, bessere Hypothesen an ihre Stelle, die wieder dem gleichen Ausschlussverfahren unterworfen werden.

Sokrates' Hauptschüler war Platon, der wiederum Aristoteles' Lehrer wurde. Diese beiden haben das europäische Denken wohl nachhaltiger geprägt als irgendjemand vor oder nach ihnen. Aristoteles begründete mit seiner Lehre der Induktion das, was wir heute die wissenschaftliche Methode nennen. Induktion ist, einfach gesagt, eine Denkmethode, die vom Einzelnen und Besonderen auf etwas Allgemeines oder Gesetzmäßiges schließt. Zum Beispiel wäre etwa der Satz: „Eine Billardkugel prallt im gleichen Winkel ab, wenn sie an die Bande stößt; folglich entspricht jeder Kraft eine entgegen gesetzte Kraft von gleicher Größe."

Gegen Ende des 15. Jahrhunderts erhielt die Evolution des wissenschaftlichen Denkens einen entscheidenden Anstoß aus dem Bereich der politischen Philosophie, als Niccolò Machiavelli die gedankliche Trennung von Politik und Ethik vollzog. Das war eine radikale Abkehr von der ganzheitlichen Sicht des Lebens hin zu dem Glauben, dass alle Dinge durch Analyse, das heißt durch Zerlegung in ihre Einzelteile erklärbar seien.

Einen Mythos kann man nicht zerlegen. Aus den Einzelteilen wird nicht ersichtlich, was das Ganze ist. Ein Mythos ist, was er ist, und das gilt auch für Mysterium und Magie.

Der Weg der Mythen, der Mysterien und der Magie ist ein ganzheitlicher und vollständiger Weg.

Machiavelli, der in Florenz politische Ämter bekleidet hatte und mehrfach zu diplomatischen Missionen ins Ausland entsandt worden war, fiel 1512 in Ungnade und wurde von den Medici seines Amtes enthoben. Er zog sich auf sein Landgut zurück, wo er zwischen 1513 und 1517 sein Hauptwerk *Il Principe* (*Der Fürst*) verfasste, das 1532 veröffentlicht wurde. Das Werk ging von einer ebenso scharfsinnigen wie unsentimentalen Einschätzung der menschlichen Natur aus, die mit Schwächen behaftet und egoistisch sei, und es war beim italienischen Publikum ungemein populär. Es war mehr als ein Buch über protokollarische und strategische Fragen herkömmlicher Art. Vielmehr entwickelte Machiavelli ein neues Denken über Souveränität und wie man sich politische, militärische und psychologische Vorteile verschafft und sie bedenkenlos ausnutzt – kein Gedanke mehr von Einheit. *Il Principe* hat nicht nur die politische Philosophie für immer verändert, sondern *unser Denken überhaupt*. Wir lesen dort:

> *Es wird so anders gelebt, als gelebt werden sollte, dass einer, der nicht so handelt, wie allgemein gehandelt wird, sondern so, wie man handeln sollte, auf diese Weise eher seinem Ruin als seinem Fortkommen dient.*

Bei der Entwicklung seiner Gedanken verabschiedete Machiavelli sich ein für allemal von allem früheren politischen Denken, in dem über Jahrtausende Raum für Mythos, Mysterium und Magie gewesen war. Das erlaubte ihm auch die These, dass ein unmoralisches Handeln ohne Folgen bleiben könnte. Damit wurde das Prinzip der Getrenntheit sozusagen geadelt.

1576 veröffentlichte der Franzose Innocent Gentillet ein Traktat mit dem Titel *Adversus N. Machiavellum* (im deutschsprachigen Raum als „Anti-Machiavell“ bekannt), worin er Machiavelli vorwarf, er vertrete ein Prinzip der Staatsführung durch absolute Rücksichtslosigkeit und Doppelzüngigkeit. Später ist Machiavelli immer wieder vorgeworfen worden, er habe in Frankreich den Boden für politische Korruption und für die wachsende Unmoral der obersten Staatsgewalt, der Politik und der gesellschaftlichen Eliten bereitet. Das neue Denken übersprang wie eine ansteckende Krankheit den Ärmelkanal und breitete sich auch durch Werke angesehener Dramatiker wie William Shakespeare und Christopher Marlowe im Inselreich aus. Marlowe ließ Machiavelli im Prolog seines Stückes *Der Jude von Malta* (um 1589) auftreten und die elisabethanische Sicht seiner Philosophie so zusammenfassen: „Mir ist Religion ein Kinderspielzeug und Unwissenheit die einzige Sünde.“

Obwohl Machiavellis Werken zunächst das päpstliche Imprimatur erteilt wurde, fühlten sich die Mächtigen bald davon bedroht, sodass *Il Principe* 1559 schließlich doch auf den Index kam. Den Vatikan beunruhigte zutiefst der Umstand, dass Machiavellis Werk die herrschende, auf Mythos, Mysterium und Magie basierende Weltanschauung grundsätzlich in Frage stellte. Besorgnis erregte vor allem, dass Machiavelli etwas nie zuvor Gewagtes getan hatte: Er hatte den Menschen eine neue, hoch entwickelte Methode des rationalen Denkens an die Hand gegeben. Und die Sorge war berechtigt, denn das neue Denken läutete das wissenschaftliche Zeitalter ein und machte das Trennen und Analysieren zur legitimen Methode. Man kann wirklich sagen, dass Machiavellis sezierender Blick auf den Menschen und das Leben wesentlich zur Umprogrammierung unserer Gehirne beigetragen und gleichsam die biologischen Abläufe verändert hat, die uns die Deutung unseres Lebens erlauben. (Darüber wird im nächsten Kapitel noch mehr zu sagen sein.)

Machiavellis neue Denkmethode animierte die Menschen dazu, alle Probleme in Komponenten zu zerlegen und getrennt zu betrachten, um so zu Entscheidungen zu kommen. Eine Entscheidung konnte aus seiner Sicht ethisch gut, aber aus politischer Sicht schlecht oder anders herum ethisch schlecht, aber im politischen Sinne gut sein. (Beides natürlich aus jeweils subjektiver Sicht.)

René Descartes, eine weitere wichtige Figur in diesem radikalen Wandel des Weltbildes, fühlte sich von Machiavellis Schriften stark angesprochen. Als Mathematiker und Philosoph wandte er Machiavellis neue Denkmethode an und baute sie aus, bis er zu dem Schluss kam, dass nur real sein kann, was messbar ist. Diesem Maßstab genügen Mythos, Mysterium und Magie natürlich nicht.

Descartes' Theorie, von den Naturforschern seiner Zeit aufgegriffen, löste die naturwissenschaftliche Revolution aus und beschleunigte den Übergang zum neuen Paradigma der Logik und Analyse. Das Besondere an Mythos, Mysterium und Magie musste in dieser Revolution unseres Weltbilds untergehen, *und der Gedanke der Einheit verblasste immer mehr.*

An den Grenzen der Wissenschaft

Unser heutiges wissenschaftlich-technisches Zeitalter ist die Fortsetzung dieses Wandels im Denken. Unser gesamtes Weltbild ist naturwissenschaftlich bestimmt. Wenn etwas rational und logisch ist, wenn man es analysieren, in Gleichungen beschreiben und als Diagramm darstellen kann, kurz, wenn es messbar ist, dann glauben wir, dass es tatsächlich existiert. Was andererseits nicht instrumentell messbar und in diesem Sinne empirisch analysierbar ist, was sich nicht in Software oder Tortendiagramme umsetzen lässt, wird mit Begriffen wie „weich" oder „soft" belegt und dem Bereich der „bloßen Gefühle" zugeordnet, wo es nichts „Exaktes" gibt. Manchmal zweifeln wir die Existenz solcher Dinge an oder empfinden sie als bedrohlich. So ist zum Beispiel bekannt, dass Placebos in manchen Fällen genau so wirksam sind wie echte Medikamente, aber diese Tatsache wird in der Schulmedizin selten zur Kenntnis genommen. Und genau wie diesen Placeboeffekt ignorieren wir auch weiterhin die Chancen, die im holistischen Denken liegen, zu Gunsten dessen, was im wissenschaftlichen Sinne analysierbar ist. Viele Ärzte nehmen sogar das inzwischen gut dokumentierte Phänomen der Spontanheilung nur mit einem Achselzucken zur Kenntnis, weil ihnen der Gedanke unserer Verbundenheit mit etwas Größerem, der Gedanke des Einsseins, fremd ist.

> Das ist nicht richtig. Es ist nicht einmal falsch.
>
> *Wolfgang Pauli über den wissenschaftlichen Beitrag eines Physikerkollegen*

Wir haben die „rational denkende Wissenschaft" bis nah an ihre Grenzen getrieben, und das hat seinen Preis – im Wirtschaftsleben ebenso wie in der Medizin. Sumantra Ghoshal schreibt, dass viele der „schlimmsten Management-Exzesse der jüngsten Zeit auf Ideen zurückzuführen sind, die im Laufe der letzten dreißig Jahre von studierten Wirtschaftsfachleuten in die Welt gesetzt wurden".[4] Seiner Meinung nach haben führende amerikanische Wirtschaftsfakultäten die Psyche und das Verhalten des Menschen „nach physikalischem Muster" in Wirtschaftstheorien übersetzt, die an schlimmen Vereinfachungen kranken. Imposante Theorie-

4 *In* Academy of Management Learning and Education, *März 2005.*

gebilde, mit komplexen mathematischen Modellen und empirischen Analysen untermauert, trugen den Erfindern weltweit Respekt ein und ließen tiefe Erkenntnisse vermuten, wo in Wirklichkeit keine waren.

In der Medizin, um das Beispiel wieder aufzugreifen, könnten wir die Problematik ungefähr so beschreiben, wie ein Witzbold im Internet sie karikiert hat. Er sieht die Entwicklung der Heilmethoden so:

- 1000 v. Chr.: Hier, iss diese Wurzel.
- 1000 n. Chr.: Diese Wurzel ist nicht gut. Sprich dieses Gebet.
- 1800: Dieses Gebet ist reiner Aberglaube. Nimm dieses Gebräu.
- 1940: Dieses Gebräu ist Quacksalberei. Nimm diese Pille.
- 1980: Diese Pille taugt nichts. Nimm dieses Antibiotikum.
- 2006: Dieses Antibiotikum wirkt nicht. Nimm diese Wurzel.

Vor 3.000 Jahren wussten wir intuitiv, dass die Wurzel gut für uns ist, weil wir mit der Erde eins waren. Heute, wo uns klar wird, dass pharmazeutische Medikamente allein keine Gesundheit garantieren, wenden wir uns wieder alten und natürlicheren Heilmethoden zu, weil wir jetzt den Zusammenhang aller Dinge besser verstehen. Damals wussten wir nicht, warum die Wurzel uns hilft, heute wissen wir es. Das ist der ganze Unterschied.

Auch an manchen Universitäten tut sich etwas. Allmählich wird klar, dass man das Ganze in den Blick fassen muss und dass die bisher an den Wirtschaftsfakultäten übliche Zersplitterung der Lerninhalte nicht weiter führt.

Sowohl die Harvard Business School als auch die europäische Wirtschaftshochschule INSEAD kommen aufgrund ihrer Untersuchungen zu dem Schluss, dass Meditation und Intuition die beiden wichtigsten neuen Instrumente für Führungskräfte im 21. Jahrhundert sind. Immer mehr andere Hochschulen kommen zu ähnlichen Erkenntnissen.

Die Stanford University hat zum Beispiel ein Institut für Design eingerichtet, um auch Studenten in den Bereichen Wirtschaft und Ingenieurswesen gezielt Design-Denken und Design-Strategie zu vermitteln. Der Begründer dieser „D-School" ist David Kelley, Professor für angewandte Mechanik in der Abteilung für Produktdesign, der auch die berühmte Designfirma IDEO in Palo Alto gegründet hat. Kelley orientiert sich an erfolgreichen Firmen wie Target oder Apple, bei denen Design ein zentraler Bestandteil der Unternehmensstrategie ist.

Auch das Institute of Design am Illinois Institute of Technology geht bei diesem neuen Trend mit voran. Patrick Whitney, der Leiter des Instituts, sagt: „Über die Hälfte der Graduierten werden später in den Firmen nicht im Bereich Design eingesetzt, sondern als Spezialisten für Strategie, Marketing und Forschung." Aber Design als neues Lehrfach verspricht eine Hinwendung zur ganzheitlichen, ästhetischen Sicht wirtschaftlicher Zusammenhänge, wo bisher Spezialisierung und Scheuklappendenken herrschten. Das haben sogar große Beratungsfirmen wie McKinsey & Co. gemerkt, die sich um die Absolventen solcher Studiengänge reißen.

Als ich dem gelehrten
Astronomen zuhörte,
als die Beweise, die
Zahlen in Kolonnen
vor mir standen,
als ich Tabellen und
Diagramme zu sehen
bekam, in denen sie
addiert, dividiert und
bemessen wurden,
als ich dasaß und dem
Astronomen zuhörte,
wie er unter vielem
Beifall im Hörsaal eine
Vorlesung hielt,
da wurde mir bald
unerklärlich matt und
elend, bis ich aufstand, mich hinausstahl und allein
davonging in die
geheimnisvoll feuchte
Nachtluft und von
Zeit zu Zeit in tiefem
Schweigen zu den
Sternen aufblickte.
Walt Whitman

Vielleicht sollten wir auch Kurse ins Leben rufen wie „Die Verantwortung der Wirtschaft für das Ganze", „Wie kann der Geist in der Wirtschaft sein Recht erhalten?", „Dauerhafte Beziehungen knüpfen", „Logik und Intuition ins Gleichgewicht bringen" oder „Inspirierende Unternehmen aufbauen". Hier könnten sich alle, die einmal Führungspositionen bekleiden werden, in jene neue Form bewusster

Führungsverantwortung einarbeiten, die für die Nachhaltigkeit unserer Wirtschaft von großer Bedeutung sein wird.

In vielen Wirtschaftszweigen lässt der Wandel noch auf sich warten, denken wir etwa an das heillose Durcheinander, das im Verlagswesen herrscht. Kaum ein Autor kann dort mit einem Vertrag rechnen, wenn er nicht erst einmal ein Exposé für sein Buch vorlegt, das eher einem Marketingplan gleicht. Darin benennt er die Zielgruppe seines Werkes, macht Vorschläge zur Verkaufsförderung, beziffert eine Auflagenerwartung, gibt einen Abriss des Inhalts und legt Textproben vor. Und was bewirkt die ganze „Wissenschaft"? Nur zehn Prozent aller jährlich produzierten englischsprachigen Bücher bringen so viel ein, dass auch nur die vom Verleger an den Autor geleistete Honorarvorauszahlung wieder hereinkommt, und von der Auflage aller Hardcoverbücher, die in Nordamerika lektoriert, gedruckt, vertrieben und beworben werden, wird mehr als ein Drittel remittiert und dann entweder verramscht oder zu Papiertischdecken recycelt.

Ausnahmen gibt es, und zwar da, wo nach dem Prinzip des Einsseins gearbeitet wird. Berrett-Koehler ist ein kleiner Verlag in San Francisco, der pro Jahr nur etwa dreißig neue Titel herausbringt. „Viele Verlage behandeln ihre Autoren so, als störten sie nur", sagt der Gründer und Leiter des Verlags, Steve Piersanti: „Bei uns sind sie Partner." Die Autoren werden intensiv in alle Stadien der Entwicklung eines Buchprojekts einbezogen, was in der Verlagsarbeit alles andere als üblich ist. So werden von den bei Berrett-Koehler verlegten Büchern durchschnittlich 15.000 Exemplare verkauft, das liegt um 27 Prozent über dem Durchschnitt in den USA. Die Firma gehört zwar zu 54 Prozent Piersanti, aber die restlichen 46 Prozent sind im Besitz von Autoren, Kunden, Angestellten und Lieferanten.

Wie Berrett-Koehler unter den Verlagen Modellcharakter besitzt, so finden wir auf vielen Gebieten Menschen oder Unternehmen, die eine Vorreiterrolle spielen. Alles in allem bleiben Mythos, Mysterium und Magie aber weiterhin zu Gunsten eines einseitig wissenschaftlichen Denkens außen vor. Das Trennungsprinzip wird dem Einssein vorgezogen – und dabei setzen wir oft auch noch auf die falschen Einzelteile. So unterhalten die Vereinigten Staaten, um den Wohlstand des Landes zu ermitteln, eine

Forschungsmaschinerie, die 10.000 Menschen beschäftigt und jährlich zwei Milliarden Dollar verschlingt. Trotz tiefer Strukturveränderungen der Wirtschaft in den vergangenen Jahrzehnten wurden erst 2004 neue statistische Parameter eingeführt, nach denen jetzt vierteljährlich auch der Zuwachs an Information und Technologie in der Gesellschaft ermittelt wird. Während sich das Pro-Kopf-Bruttoinlandsprodukt (der Gesamtwert aller produzierten Güter und erbrachten Dienstleistungen dividiert durch die Gesamtbevölkerungszahl) der USA in den vergangenen 50 Jahren verdreifacht hat und die Vereinigten Staaten unbestritten die führende Wirtschaftsmacht der Welt sind, steht das Land nach dem World Value Survey beim Thema „Glück" erst an 65. Stelle. Und wer führt die Liste an? Nigeria, Mexiko, Venezuela, El Salvador und Puerto Rico. Eine andere Erhebung zeigt, dass „Glück" in Großbritannien 1976 seinen Höchststand hatte – in einer Zeit, die sich durch hohe Inflationsraten, Terrorismus, Wasserknappheit, Schlaghosen und Punk Rock auszeichnete und in der sogar der Internationale Währungsfonds einschreiten musste, um das Land über Wasser zu halten.

Immer mehr Menschen wird heute klar, das die bloße statistische Ermittlung unseres materiellen Wohlstands kein verlässliches Maß mehr darstellt, wenn es in dieser postindustriellen Gesellschaft um die Frage geht, was in unseren Gemeinden, in Arbeitswelt und Familie Glück und Zufriedenheit ausmacht. Wir fragen uns, ob es nicht mehr gibt als bloß die wissenschaftlichen Verfahren mit all ihren Zahlen. Wir wünschen uns etwas, das auch unsere Verbundenheit mit dem Ganzen berücksichtigt. Es genügt uns nicht mehr, das Maß unseres kleinen bescheidenen Lebens zu kennen; wir möchten das Einssein all dessen, womit wir innig verbunden sind, ermessen können.

Wissenschaft führt zwangsläufig zu unbefriedigenden Resultaten, wenn wir sie als einziges Mittel anwenden, um die Tiefe unseres Seins von Fall zu Fall auszuloten; Inspiration kommt ja gerade daher, dass wir in der Tiefe unseres Seins eins sind.

Erziehung zum ganzheitlichen Denken

Bei Robert Maynard Hutchins war das Gefühl für Einheit gut entwickelt. Im Alter von 30 Jahren wurde er 1929 Rektor der University of Chicago. In seiner relativen Unerfahrenheit, gepaart mit Leidenschaft und überragender Begabung, definierte er die Rolle des Rektors neu und gestaltete die Universität um. Als er sein Amt antrat, war Chicago als führende Forschungseinrichtung bekannt, und die zweite Aufgabe einer Universität, die Lehre, stand ein wenig im Schatten. Hutchins schwebte aber eine Universität vor, die ihre Studenten gründlich mit den großen Werken der abendländischen Kultur vertraut macht, weshalb er sein Augenmerk besonders auf die Lehrinhalte des Vorstudiums richtete.

Hutchins, der sich zu einem der größten Bildungsdenker in der Geschichte der Vereinigten Staaten entwickelte, veröffentlichte 1952 eine Bahn brechende Arbeit über die Vorteile der von ihm so genannten „liberalen Bildung". In diesem Essay mit dem Titel *The Great Conversation* vertrat er die Auffassung, die klassischen Werke des westlichen Denkens stellten ein langes Gespräch dar, in dem die Menschen Jahrhundert für Jahrhundert immer wieder neu geschildert haben, wie sie sich mit den unzähligen Problemen des Menschseins auseinandersetzten. Deshalb, so Hutchins, sollten diese Werke als Hintergrund des zeitgenössischen Diskurses gelesen werden; so würden den Studenten vor dem Hintergrund all dessen, was schon von anderen gesagt und getan worden ist – vor dem Hintergrund unseres gemeinsamen Weges, unseres Einsseins also –, zu einer eigenständigen Meinungsbildung befähigt.

Hutchins hinterließ unter anderem einen Katalog von 54 Werken, „Die großen Bücher des Abendlandes", in denen seiner Meinung nach die wichtigsten Ideen, Erzählungen und Entdeckungen unserer Kultur verzeichnet sind. Die Liste der Autoren reicht von Homer bis Sigmund Freud. Ich habe heute noch die komplette Sammlung in meinem Bücherregal.

Meine Eltern teilten Hutchins' Sicht der Dinge. Meine Mutter war Konzertpianistin, mein Vater ein bedeutender Ingenieur. Beide wollten mir die Wohltaten einer klassischen Bildung angedeihen lassen: Sprachen, Geschichte, Kunst, Literatur und Philosophie.

Sie wollten mir Einblicke in das Einssein der Menschheit ermöglichen, was ich damals allerdings noch nicht so sah. Schon früh begann ich mit Griechisch und Latein und las die alten Texte im Original: Mythen und Legenden von Göttern und Göttinnen, Minotauren, Schlangen und Teufeln, von Satyrn, Zentauren und all den überlebensgroßen Heldengestalten, die in Kriege und Liebesabenteuer verwickelt waren, die Dynastien aufbauten und vernichteten. So erfuhr ich von Hinterlist, Liebe und Habgier, von den Freuden und Tragödien des Menschseins.

Außerdem lernte ich Französisch, und in diesen drei Sprachen bewandert zu sein, habe ich mein Leben lang als ein großes Geschenk empfunden. Es gibt nicht viele Wörter, die ich überhaupt nicht verstehe; meist ist die Bedeutung aus der Wurzel irgendeines Wortes dieser Sprachen zu erschließen. Als wir später nach Argentinien zogen, besuchte ich dort fünf Jahre lang ein Internat, an dem auf Spanisch unterrichtet wurde. Und viele Jahre später, als ich die Firma Manpower Limited leitete, war ich für Niederlassungen in Französisch und Englisch sprechenden Ländern verantwortlich und hatte täglich mit zweisprachigen Teams zu tun.

Ich bin jeden Tag dankbar, dass meine Eltern mich nicht zu irgendeinem engen Spezialstudium angehalten haben, denn was ich gelernt habe, unterstützt mich viel besser bei der Beratung und Leitung von Unternehmen, weil es mich die Einheit der Menschen und des Lebens verstehen lässt.

Für viele Menschen in Führungspositionen bedeutet die Leitung eines Unternehmens nicht mehr, als dafür zu sorgen, dass jedes Quartal die Zahlen stimmen. Danach werden im Allgemeinen auch der Erfolg des Unternehmens und das Können des Managements beurteilt. Für viele hängt davon sogar ab, wer sie selbst sind. In Antoine de Saint Exupérys *Der kleine Prinz* lesen wir:

> *Die großen Leute haben eine Vorliebe für Zahlen. Wenn ihr ihnen von einem neuen Freund erzählt, befragen sie euch nie über das Wesentliche. Sie fragen euch nie: Wie ist der Klang seiner Stimme? Welche Spiele liebt er am meisten? Sammelt er Schmetterlinge? Sie fragen euch: Wie alt ist er. Wie viele Brüder hat er? Wie viel wiegt er?*

Wie viel verdient sein Vater? Dann erst glauben sie, ihn zu kennen.
Wenn ihr zu den großen Leuten sagt: Ich habe ein sehr schönes Haus mit roten Ziegeln gesehen, mit Geranien vor den Fenstern und Tauben auf dem Dach ... dann sind sie nicht imstande, sich dieses Haus vorzustellen. Man muss ihnen sagen: Ich habe ein Haus gesehen, das 100.000 Franken wert ist. Dann schreien sie gleich: Ach, wie schön!

Die Versöhnung von Mythos und Wissenschaft

All das soll nicht die unglaublichen Errungenschaften der Wissenschaft verleugnen, die uns das Leben leichter und schöner machen, als es ohne sie wäre. Ich sage nur, dass wir in unserem Leben und Denken *außerdem* Raum für die Rückkehr von Mythos, Mysterium und Magie schaffen sollten. Nehmen wir also das Beste der Wissenschaft und wenden wir es an, um zu einem besseren Verständnis unseres Einsseins zu kommen.

Bloße Quantifizierung ist nicht sehr inspirierend, sie ergibt nichts von dem Zauber, nach dem wir uns sehnen. Menschen sind weit mehr als Roboter, die arbeiten gehen und ihr Produktionssoll erfüllen. Der *Homo oeconomicus* – rational, ausschließlich vom Eigeninteresse motiviert, anlegerfreundlich und Gewinn maximierend – ist eine pseudowissenschaftliche Chimäre.

Einfach alles messen – das allein wirkt nicht erhebend aufs Gemüt. Es bedrückt uns eher. Es lastet auf uns und erzeugt die nagende Ahnung, dass unser Vorgehen in vielerlei Hinsicht künstlich und oberflächlich ist. Irgendwann im Leben, und sei es auch auf dem Sterbebett, wird den meisten bewusst, dass dieses Leben mehr sein muss als die Ausrichtung unseres Tuns an beziehungslosen Zahlen, die Quartal für Quartal erfüllt sein müssen. Irgendwo mehr oder weniger fern in unserem Innern wissen wir, dass es etwas Größeres gibt – etwas Mythisches, Mysteriöses oder Magisches –, worin wir mit etwas Größerem verbunden sind. Wir wissen um unser Einssein mit allem.

Wenn wir in einem Unternehmen oder irgendeinem anderen Verbund von Menschen eine leitende Funktion innehaben und verantwortlich handeln, müssen wir natürlich auch die Zahlen im Auge behalten und statistische Daten klug umsetzen. Aber unser Erfolg wird noch zunehmen, wenn wir dabei die Wichtigkeit von Mythos, Mysterium und Magie einbeziehen. Das inspiriert die Menschen, die dort arbeiten; und seltsam – bei inspirierten Menschen stimmen meistens auch die Zahlen. Das ist aber nicht der einzige Zweck der Übung, denn inspirierte, bewusste Führung verspricht viel mehr. Wir sehnen uns danach, unseren Weg als Menschen zu finden und uns im Wirtschafts- wie im Privatleben wieder mit dem zu verbinden, was echt ist und uns wirklich anspricht. Wir möchten uns nicht mehr ausschließlich an Wissenschaftlichkeit und Messbarkeit orientieren, sondern darüber hinaus am Gefühl des Einsseins, das sich einstellt, wenn Mythos, Mysterium und Magie zu ihrem Recht kommen.

Wo wir jedoch am Messen festhalten, müssen wir sicher sein, dass wir das Richtige mit dem richtigen Maßstab messen. Das ist in vielen Fällen eher das Herz als der Kopf.

Seit mehr als 20 Jahren leitet Edwin R. Keedy, Juraprofessor an der University of Pennsylvania, seine Grundkurse mit einer kleinen Demonstration ein. Er schreibt eine 2 und eine 4 an die Tafel und fragt: „Wie lautet die Lösung?“

Dann sagt jemand: „Sechs“, ein anderer: „Zwei“, und irgendwer ruft: „Acht!“ Professor Keedy schüttelt immer nur den Kopf. Dann sagt er: „Ihr seid so schnell mit Antworten bei der Hand, aber keiner stellt erst einmal die entscheidende Frage: Worum geht es überhaupt? Wenn ihr das nicht wisst, könnt ihr auch keine Lösung finden.“

Von Bernard Baruch, dem amerikanischen Finanzexperten und Präsidentenberater, stammt der berühmte Ausspruch: „Wenn du nur einen Hammer zur Verfügung hast, sieht jedes Problem für dich wie ein Nagel aus.“ So ist es mit der einseitigen Ausrichtung auf Zahlen auch. Mein Freund John hätte damals während unseres Gesprächs im Abendrot sicherlich eine brillante Sonnenuntergangsformel entwickeln können. Große Führungspersönlichkeiten beziehen solche Impulse zwar ein, gehen jedoch über sie hinaus. Sie sehen Leben und Arbeit ganzheitlich, und darin haben Wissenschaft und Messverfahren ebenso ihren Platz wie die Fähigkeit und Bereitschaft, Mythos, Mysterium und Magie gleichrangig gelten zu lassen und in ihrem Wert für uns alle zu erkennen.

Dieses Bild von pragmatischer Ganzheitlichkeit macht klar, warum inspirierendes Führungsverhalten schwer zu lehren ist. Es bestätigt aber auch, dass große Führungsqualitäten, bewusst und inspirierend umgesetzt, nur in dem größeren Zusammenhang des Einsseins zu verstehen sind.

Kapitel

3

Zurück zum Einssein

Als der Software-Riese Oracle ankündigte, den Konkurrenten PeopleSoft mit einer feindlichen Übernahme schlucken zu wollen, entstand in der Gerüchteküche ein heftiges Brodeln. Nach dem Zusammenschluss, hieß es, würden mehr als die Hälfte aller Beschäftigten bei PeopleSoft ihre Kündigung bekommen. Die Mitarbeiter begannen, sich nach neuen Jobs umzusehen, und zwischen den Managern beider Unternehmen war die Atmosphäre vergiftet.

Im Juni 2003 schimpfte Craig Conway, Geschäftsführer von PeopleSoft, Oracles Angebot klinge für ihn ungefähr so, „als wollte jemand dir deinen Hund abkaufen, um ihn gleich hinter der nächsten Ecke zu erschießen“.

Das konterte der bei Oracle in gleicher Position tätige Larry Ellison bei nächster Gelegenheit. Sollte er Conway und dessen Hund je begegnen und nur noch eine Kugel im Lauf haben, sagte er, „dann ist die bestimmt nicht für den Hund“.

Bei der nächsten Pressekonferenz von PeopleSoft erschien Conway prompt in kugelsicherer Weste, begleitet von seinem Hund Abbey.

Ein Jahr später war Conway abgelöst, und PeopleSoft-Gründer Dave Duffield kehrte zurück an die Firmenspitze. Der gern im Hawaiihemd auftretende und auch sonst unkonventionelle Duffield verschickte sofort eine E-Mail an alle Angestellten. Darin hieß es: „Es fühlt sich gut an, wieder hier zu sein. Wer mich noch nicht kennt, darf damit rechnen, dass man mich auch in den Büros, auf den Gängen und in der Kantine sieht, weil ich Sie kennen lernen möchte und an Ihrer Meinung interessiert bin.“

Duffield brachte bei seinem Comeback nicht nur Fachwissen mit. Er brachte auch das zurück, was ihn von Anfang an als Gründer ausgezeichnet hat – Mythos, Mysterium und Magie. Er wusste, dass es höchste Zeit war, die Menschen aufzurichten und die Einheit von Mitarbeitern und Unternehmen wiederherzustellen. Bald legte er ein Programm vor, das in Kraft treten sollte, sobald ein anderes Unternehmen die Kontrolle bei PeopleSoft übernehmen und Mitarbeiter vor die Tür setzen würde. Nach diesem Plan standen den Gekündigten Ablösesummen von 150 bis 200 Prozent ihres Jahreseinkommens (zuzüglich Sondervergütungen) zu sowie die Übernahme medizinischer Kosten für bis zu zwei Jahre. Lynn Bersch, eine auf Arbeitsrecht spezialisierte Anwältin, bezeichnet dieses Paket als „sehr ungewöhnliche Maßnahme“, die weit über das hinausgehe, was an sozialer Absicherung in US-amerikanischen Unternehmen üblich sei.

Duffield empfand diesen Schritt als konsequent. Er sah die Notwendigkeit, sich der tiefen Verunsicherung seiner Leute anzunehmen. Er war für sie der Visionär, der für Mythos, Mysterium und Magie stand, und mit der Namensgebung seiner Firma – PeopleSoft – hatte er von Anfang an klar gemacht, dass er den Menschen in den Mittelpunkt stellen wollte.[5]

Ja, es liegt Veränderung in der Luft. Vielleicht sind die Skandale bei Enron, Parmalat oder VW die letzten Zuckungen eines zu Ende gehenden Zeitalters. Jeffrey Immelt, Vorstandsvorsitzender bei General Electric, einem der angesehensten Konzerne der USA, formuliert es so: „Die Menschen wollen für General Electric arbeiten, weil sie an etwas wirklich Großem teilhaben möchten. Sie sind bereit, gute Arbeit zu leisten, sie wollen aufsteigen, und sie wollen Aktienoptionen. Aber sie wollen auch für ein Unternehmen arbeiten, das wirklich etwas bewegt und Großes in der Welt leistet.“

[5] *Inzwischen kam es doch zu der Übernahme – und zu 5.000 Entlassungen. Duffield hatte die Moral und Inspiration seiner Mitarbeiter nicht anhaltend stützen können. Larry Ellison, jetzt Geschäftsführer des Gesamtunternehmens, sagte in einem TV-Interview geschäftsmäßig: „Niemand sieht sich gern in der Lage, mehr Beschäftigte als Arbeit zu haben, aber so etwas passiert nun mal, wenn man zwei Unternehmen vereinigt.“ Mehr aus dem Verstand als aus dem Herzen heraus fügte er hinzu: „Es tut uns Leid.“ Dave Duffield bot jedem gekündigten Mitarbeiter, der weniger als 150.000 Dollar im Jahr verdiente, 10.000 Dollar Abfindung aus seinem Privatvermögen an.*

Die Kleider des Zen-Meisters

Ein Zen-Meister führte in einer Hütte am Fuß eines Berges ein denkbar einfaches Leben. Eines Abends, als er nicht zu Hause war, schlich sich ein Dieb in die Hütte – und musste feststellen, dass dort nichts zu holen war.

Als er noch ratlos da stand, kam der Meister zurück und nahm dem Eindringling seine Verlegenheit ab mit den Worten: „Du bist von weither gekommen, um mich zu besuchen. Deshalb sollst du nicht mit leeren Händen gehen. Bitte nimm meine Kleider als Geschenk an."

Der Dieb traute seinen Ohren nicht, nahm völlig verdattert das Gewand an sich und lief davon.

Der Meister saß unbekleidet da und betrachtete den Mond. „Armer Kerl", dachte er, „ich wünschte, ich könnte ihm diesen wunderbaren Mond schenken."

Alles, einfach alles, kann aus seiner Zersplitterung und Getrenntheit in Einheit zurückverwandelt werden. Keine Aktion bleibt folgenlos, daran ändern auch Machiavellis Thesen nichts. Wenn wir das nicht sehen, wenn wir die Ganzheit des Lebens nicht wahrnehmen, ziehen wir Vorfälle an, die völlig unerwartet zu kommen scheinen – Dinge wie die Terroranschläge des 11. September 2001. Solche Dinge geschehen nicht einfach so. Sie geschehen, weil wir in eine Ganzheit, ein System, eingebunden sind. Schreie des Schmerzes und der Sehnsucht schallen von einem Teil dieses Ganzen zu einem anderen, geboren aus unserem tiefen Verlangen nach Vereinigung. Wir sind eins.

Natürlich gibt es in der Welt nicht nur eine Wahrheit, eine gültige Meinung, eine richtige Anschauung, eine korrekte Antwort, ein richtiges Vorgehen, einen religiösen Glauben. Wie James Barrie einmal gesagt hat: „Ich bin nicht jung genug, um alles zu wissen." Es gibt zu allem einen anderen Blickwinkel; gerade das macht die Ganzheit aus. Was dem einen wunderbar schmeckt, ekelt andere. Wer hier als Gläubiger gilt, ist anderswo ein Ungläubiger. Was dem einen ein herrliches Kunstwerk ist, bleibt anderen unverständlich. Nur zusammen sind Yin und Yang das Ganze.

Die Ausrichtung auf Zahlen und Kenndaten allein führt uns nicht in die Einheit zurück. Bewusste Führungsverantwortung muss in das Gesamtbild eingefügt sein, und das kann sie nur sein, wenn wir erkennen, dass das Ganze mehr umfasst als was sich in statistischen Berechnungen auflisten lässt.

Einssein – das neue Lebensgefühl

Wissenschaft *und* Mythos, Mysterium, Magie erklären zusammen das Leben. Was hätte die Wissenschaft allein über die Schönheit eines Sonnenuntergangs zu sagen? Was über Verliebtsein, über einen köstlichen Witz oder den Duft eines Neugeborenen? Ich sage nicht, dass sie gar nichts darüber weiß; aber sie kann die *Erfahrung* nicht erklären. Sie können mir erklären, wie ein Neugeborenes riecht, aber ich erlebe es dadurch nicht. Sie können mir auch schildern, wie Verliebtsein oder körperliche Liebe sich anfühlt. Selbst wenn ich Ihrer Schilderung folgen kann, vielleicht sogar zur Illustration Fotos oder Filme anschaue – fühlen kann ich das nur, wenn ich es selbst erlebe. Das gilt eigentlich für alles im Leben, ob es sich um den Geschmack von gutem Wein und gutem Essen oder um das Zusammensein mit Freunden handelt.

All das ist nicht messbar und nur erfahrbar, wenn man sich gelassen und entspannt einem größeren Zusammenhang überlässt. Das hatte Henry David Thoreau vielleicht im Sinn, als er schrieb: „Wenn ich Musik höre, fürchte ich keine Gefahr. Ich bin unverwundbar. Ich sehe keine Widersacher. Ich bin mit Anfang und Ende der Zeit verbunden." Wissenschaft kann nichts davon erklären, aber all das gehört dennoch zum Leben. Mehr sogar als manches andere.

Einstein sagte, er habe die Relativitätstheorie nicht durch rationales Denken allein entdeckt. Den Anstoß gaben Tagträume, in denen er sich auf Lichtstrahlen reiten sah. Er fragte sich, wie es wohl wäre, auf Sonnenstrahlen unterwegs zu sein, nicht von Raum und Zeit beengt. Er schlief ein auf der Wiese, auf der er seinen Gedanken nachhing, und der Traum führte ihn auf den Weg zur Relativitätstheorie. Kein Zweifel also, dass er nicht mit wissenschaftlichen Mitteln allein zu seiner großen Entdeckung fand. Der Anstoß kam aus dem Reich von Mythos, Mysterium und Magie.

Einstein hat auch gesagt: „Je tiefer ich in die Physik eindringe, desto stärker fühle ich mich zur Metaphysik hingezogen."

In unserem linearen, allzu wissenschaftlich ausgerichteten Denken haben wir übersehen, dass Mythos, Mysterium und Magie unerlässlich sind für Beziehungen, Inspiration und Führungsverhalten – weil sie den Blick öffnen für die größeren Zusammenhänge des Einsseins. Wir alle können unsere Fähigkeiten über alles bislang Erahnte hinaus entfalten, wenn wir gelten lassen, dass Großes – sogar ein bedeutender wissenschaftlicher Durchbruch wie Einsteins Entdeckung – auch aus Mythos, Mysterium und Magie hervorgehen kann; wenn wir erkennen und verstehen, dass wir nicht mit Einzelteilen verbunden, sondern in die Ganzheit und Einheit des Lebens eingebunden sind.

Der größte und wichtigste Schritt zur Verwandlung unserer Welt liegt in dem Bewusstsein, dass wir in einer ganzheitlich geschaffenen Welt leben, nicht in einer Welt der einzeln und für sich existierenden Menschen, Unternehmen, Länder, Völker, Gegenstände oder Gefühle. Dieses Bewusstsein würden so viele von uns gern bei Menschen in leitenden Positionen, bei Kollegen, Freunden und Angehörigen sehen. Dieses Bewusstsein wird das inspirierend Neue und Andere in unserem Leben, unserer Arbeit und unserer Welt sein.

Zu den zehn Prozent gehören

Michael Merzenich, ein führender Neurowissenschaftler an der University of California in San Francisco, hat mit seinen Forschungen zeigen können, dass Laborratten selbst knifflige Aufgaben nach 100 Versuchen zuverlässig bewältigen können. Nach 200 Durchläufen behalten sie den Lösungsweg ihr Leben lang. Zu dieser Meisterschaft bringt die Ratte es nicht durch Intuition, sondern weil ihr Gehirn dauerhaft neu verdrahtet wurde.

Mit bildgebenden Verfahren kann man Ähnliches auch bei Menschen sichtbar machen, die irgendeine Fertigkeit gründlich eingeübt haben. Bei Flötisten zum Beispiel sind die für Finger, Zunge und Lippen zuständigen Hirnareale erkennbar verändert. Alle täglichen Abläufe wie Rad fahren, die Wahl unserer Speisen oder der Druck auf die Zahnpastatube haben dauerhafte Veränderungen des Gehirns zur Folge, die sich mit wachsender Zahl von Wiederholungen immer weiter verfestigen – und es erfordert beharrliche Anstrengungen, um sie wieder rückgängig zu machen oder zu ändern. So gehen 80 Prozent der unglaublichen zwei Billionen Dollar, die das amerikanische Gesundheitssystem jährlich kostet, auf das Konto von fünf fest verankerten Verhaltensweisen: Rauchen, zu viel Alkohol, Fresssucht oder Fehlernährung, Stress und zu wenig Bewegung.

Dass diese Verhaltensweisen Krankheit und Tod nach sich ziehen, ist heute allgemein bekannt und wissenschaftlich bestens dokumentiert. Trotzdem, bilanziert Edward Miller, Dekan der medizinischen Fakultät an der Johns Hopkins University, müssen sich jedes Jahr allein in den USA 600.000 Menschen einer Bypassoperation unterziehen, und bei weiteren 1,3 Millionen wird eine Angioplastie (mechanische Aufdehnung von verengten Gefäßen) vorgenommen. Kosten: rund 30 Milliarden Dollar. Die Wirkung solcher Maßnahmen zur Vermeidung von Herzinfarkten oder zur Lebensverlängerung ist aber begrenzt. Die Hälfte aller Bypässe hat sich nach wenigen Jahren wieder verengt, und bei der Hälfte der Angioplastien ist der alte Zustand der Blutgefäße schon nach einigen Monaten wiederhergestellt.

Millers Kommentar: „Wenn man sich Bypass-Patienten zwei Jahre nach der Operation ansieht, haben 90 Prozent ihre Lebensgewohnheiten nicht verändert. Das zeigen die Untersuchungen immer und immer wieder. Irgendetwas passt da nicht zusammen. Sie wissen, dass sie schwer krank sind, sie wissen, dass sie ihr Leben ändern müssen, aber aus irgendeinem Grund schaffen sie es nicht."

Auch das alte Trennungsdenken hat sich irgendwie in der Hardware unseres Gehirns niedergeschlagen, weshalb das Umdenken uns so schwer fällt. So kann man sich nur wundern, dass – beispielsweise – die amerikanische Luftfahrtindustrie seit mehr als dreißig Jahren nur zusieht, wie die Fluglinie Southwest Airways wächst und gedeiht, und zwar nach einem ganz anderen Geschäftsprinzip als der Rest der Branche. Die anderen bleiben stur bei ihrem alten Modell, auch wenn es sie in den Bankrott führt. Niemandem scheint aufzufallen, dass man nur den eigenen

Betrieb mehr an Southwest orientieren müsste, um bessere Überlebenschancen zu haben. Es dauerte volle 24 Jahre, bis auch nur *eine* neue Fluglinie auf den Plan trat, JetBlue, die dem Vorbild Southwest folgte – und das war, wie gesagt, keine etablierte Gesellschaft, sondern eine neu gegründete. Southwest hat heute einen Marktanteil von zehn Prozent und ist die sechstgrößte Fluglinie Amerikas.

Dieses Buch möchte Sie dazu inspirieren, sich die Anschauungen der „Zehnprozenter" zu Eigen zu machen, und der erste und schwierigste Schritt dorthin betrifft uns selbst. Es gilt zu erkennen, dass das alte Paradigma verbraucht ist und nichts mehr hergibt, dass alles Zukunftspotenzial im Umdenken hin zu einem neuen Paradigma liegt – so schwierig es auch sein mag, das bequeme alte Weltbild hinter sich zu lassen, und so mühsam es auch erschienen mag, unser Gehirn auf dem Weg vom Getrenntsein zum Einssein in neuen Bahnen denken zu lassen. Wenn aber die Idee uns einleuchtet und wir den Aufwand nicht scheuen, werden wir die Wegbereiter sein, die aus den zehn Prozent nach und nach 100 Prozent machen und die Welt verändern.

An dieser Stelle kommt oft der Einwand: „Mir gefallen Ihre Gedanken, aber seien wir doch realistisch ... *die* werden sich nie ändern." Damit sind „die da oben" gemeint, die Chefs, die Vorgesetzten – aber in Wirklichkeit besagt der Satz meistens: „Ich will mich nicht ändern." Hier steht jeder ganz für sich allein an einer Weggabelung. Der eine Weg führt zu den 90 Prozent, der andere zu den zehn Prozent. Wir haben die Wahl.

Im zweiten Teil dieses Buches wird es darum gehen zu erfahren, wie wir in der täglichen Praxis die zehn Prozent wählen – wie wir unsere Lebensweise ändern, unsere Beziehungen zu anderen intensivieren und diese anderen bewusst leiten und inspirieren können, sobald wir uns nicht mehr ausschließlich dem rationalen Denken verschreiben, sobald wir das Ganze in den Blick fassen und zu unserem Anliegen machen, sobald wir das rationale Denken mit Mythos, Mysterium und Magie verschmelzen und uns erlauben wahrzunehmen, dass wir nicht getrennt, sondern eins sind.

Nenn mich ruhig einen Träumer,
aber ich bin nicht allein.
Eines Tages bist du bei uns,
und die Welt wird endlich eins.

John Lennon, Imagine

Zweiter Teil

Die Praxis des Einsseins

Kapitel

4

Die CASTLE-Prinzipien

Wer Einssein erreicht,
findet bald auch Zweisamkeit.

Woody Allen

Die wichtigste Frage lautet nun: Wie erreichen wir Ganzheitlichkeit? Wie können wir unser Leben – in welchem Zusammenhang und welcher Rolle auch immer – so einrichten, dass wir etwas zum Einssein, zum Wohl des Ganzen beisteuern? Ein Weg, um dorthin zu gelangen, liegt in dem, was ich die „CASTLE-Prinzipien“ nenne. Viele Jahre lang habe ich beobachtet, wie erfolgreiche Menschen und Unternehmen handeln, und die Thesen, die ich daraus abgeleitet habe, sind auf vielerlei Weise an der Realität überprüft worden. Die CASTLE-Prinzipien sind das Resultat dieser langjährigen Erfahrung.[6]

CASTLE ist die Abkürzung für sechs Prinzipien des Seins und Handelns, nach denen wir, wie sich vielfach gezeigt hat und immer wieder zeigt, Einssein in unserem Leben verwirklichen können.

6 *Mehr Beispiele für die erfolgreiche Umsetzung der CASTLE-Prinzipien und der Grundsätze des Higher Ground Leaderschip® durch zahlreiche Unternehmen und Einzelpersonen finden Sie in meinem Buch* Inspirieren statt motivieren *(J. Kamphausen, 2006). Beachten Sie auch das Vorwort zur Originalausgabe, das von 15 Vorstandvorsitzenden aus amerikanischen Unternehmen verfasst wurde und deren persönliche Erfahrungen schildert (im Internet über: www.secretan.com/inspire).*

Die sechs Prinzipien sind:

C **Courage – Mut:** Die Tapferkeit, die wir brauchen, um über jene Grenzen hinaus zu gehen, die unsere Gewohnheiten und unsere oft tief sitzenden Ängste und Überzeugungen uns gemeinhin setzen. Veränderungen in unserem Leben, gleich welcher Art, können wir erst einleiten, wenn wir den Mut zum Umdenken und zum Handeln aufbringen.

A **Authenticity – Echtheit:** Die innere Verpflichtung, sich nicht zu verstecken und in allen Bereichen des Lebens wirklich präsent zu sein. Kurz: die Maske abzulegen und ein wirklicher, verletzlicher und zu Nähe fähiger Mensch zu werden, der nicht nur mit sich selbst beschäftigt ist, sondern in echter emotionaler und spiritueller Verbundenheit mit anderen lebt.

S **Service – Dienen:** Der Wunsch, anderen zuzuhören und auf ihre Bedürfnisse einzugehen. Inspirierendes Handeln anstelle von egozentrischem, angstgeleitetem Konkurrenzverhalten.

T **Truthfulness – Wahrhaftigkeit:** Die innere Entscheidung, im Denken, Sprechen und Handeln aufrichtig zu sein – und zugleich aufgeschlossen für die Wahrheit anderer. Und in dieser Hinsicht auf keinen Fall Kompromisse einzugehen oder universale Wahrheiten zu verleugnen, auch nicht in schwierigen Phasen, wenn das Umgehen der Wahrheit der leichtere Weg zu sein scheint.

L **Love – Liebe:** Die innere Verbundenheit, die das Einssein mit anderen und mit dem Leben freudig annimmt. Das heißt unter anderem, auf andere so einzugehen, sie zu inspirieren und ihr Herz so anzusprechen, dass beide Seiten in ihrem Menschsein aufgewertet werden.

E **Effectiveness – Effektivität:** Die Fähigkeit, die körperlichen, materiellen, intellektuellen, seelischen und spirituellen Ziele, die wir uns gesteckt haben, auch wirklich zu erreichen.

Katrina oder Die CASTLE-Prinzipien in Aktion

Die CASTLE-Prinzipien enthalten eine Theorie des Lebens, aber sie sind auch ein sehr praktischer, pragmatischer Leitfaden für den Alltag.

Frank Stronach wurde 1932 in Weiz in der Steiermark geboren und wuchs in Zeiten des Kriegs und der wirtschaftlichen Not in einfachen Verhältnissen auf. Mit 14 Jahren verließ er die Schule und begann eine Lehre als Werkzeugmacher. Danach zog es ihn in die Welt hinaus. 1954 kam er schließlich nach Montreal und fuhr mit dem Bus weiter nach Kitchener in Ontario, wo er im örtlichen Krankenhaus als Tellerwäscher unterkam. Er sparte fleißig, bis er nach Toronto umziehen konnte, um dort Arbeit als Werkzeugmacher zu suchen.

1957 setzte er seine sämtlichen Ersparnisse und 1.000 Dollar Überziehungskredit ein, um gebrauchte Dreh- und Fräsmaschinen zu kaufen und in einem angemieteten Pförtnerhaus in Torontos altem Industriegebiet seine eigene Werkstatt einzurichten. Er arbeitete unermüdlich, verbrachte die Nächte auf einer Pritsche neben der Drehbank und konnte den Betrieb nach und nach ausbauen. Bald beschäftigte er zehn Mitarbeiter, aber das war erst der Anfang. Heute ist sein Unternehmen Magna International der weltweit größte Zulieferer der Automobilindustrie mit 20 Milliarden Dollar Jahresumsatz.

Ein halbes Jahrhundert später, im August 2005, verwüstete der Hurrikan Katrina New Orleans, 750.000 Menschen wurden obdachlos. Es war die schlimmste Naturkatastrophe in der Geschichte der USA. Die meisten Einwohner der Stadt verloren ihr Zuhause und waren von Hunger und Krankheiten bedroht, vor allem alte und sehr arme Menschen. Hilfsmaßnahmen kamen nur schleppend in Gang – das Ausmaß der Zerstörungen überforderte die Behörden und Rettungsdienste in hohem Maße.

Frank Stronach, inzwischen 73 Jahre alt, entschloss sich einzugreifen und die Mittel, das Organisationstalent und den Gemeinschaftssinn seiner Firma einzusetzen, um Katrinas Opfern zu helfen.

Die Zeit der bitteren Armut nach seiner Ankunft in Kanada war ihm noch gut in Erinnerung; er wusste, was Hunger ist. „So etwas ist dir regelrecht in die Seele gebrannt“, sagt er. Kurzum: Ihm war klar, dass schnelles, beherztes Handel gefordert war. Er folgte seiner Überzeugung: „Das Schöne an einer großen Firma, die Gewinne macht, liegt darin, dass du augenblicklich einspringen und helfen kannst.“

Keine fünf Tage nach Katrinas furchtbarem Wüten hatte Stronach ein Team aus erfahrenen Magna-Managern zusammengestellt, und die Sofortmaßnahmen liefen. Das Team organisierte die Evakuierung von Flutopfern, die anschließend in einer Trainingseinrichtung für Vollblutpferde bei West Palm Beach in Florida untergebracht wurden. Auf der Farm, die Magna gehört, können bis zu 400 Menschen in Räumen mit Kühlschrank, Mikrowelle und Bad einquartiert werden. Auch Laden, Kantine und Freizeitgelände sind vorhanden.

In Zusammenarbeit mit anderen Hilfsorganisationen holte Magna innerhalb von 36 Stunden 250 Menschen aus New Orleans heraus und brachte sie in gecharterten Bussen nach Florida, und das mit einer Effizienz, auf die man bei den staatlichen Rettungsdiensten vergeblich wartete.

Stronach wusste, dass die Hilfe damit nicht enden durfte. Unter den Evakuierten waren Familien mit kleinen Kindern, Alten und Behinderten – da musste noch einiges geschehen. „Die Leute unterzubringen und zu verpflegen, ist noch der einfachste Teil“, sagte er. „Schwieriger ist es, sie so weit zu bringen, dass sie wieder auf eigenen Beinen stehen können.“

Magna kaufte in der kleinen Gemeinde Simmesport in Louisiana gut 400 Hektar Land und baute dort 49 Häuser mit je drei Schlafzimmern und 130 Quadratmeter Grundfläche, dazu alles Nötige an Infrastruktur, damit die obdachlosen Familien ein neues Leben aufbauen konnten. Stronach hoffte und hofft noch, dass das schnelle Handeln seines Teams Schule machen und andere erfolgreiche Unternehmen ebenfalls zu Hilfsprojekten inspirieren würde. „Wir haben vorgemacht, wie es geht“, sagte er, „und hoffentlich sehen auch andere, dass man einiges bewirken kann.“

Das „Canadaville“ genannte Siedlungsprojekt in Simmesport umfasst auch Pläne für einen landwirtschaftlichen Betrieb mit ökologischem Gemüseanbau, Hühner-, Schweine- und Rinderhaltung. Stronach traut den Evakuierten zu, sich in die Landwirtschaft einzuarbeiten und den Betrieb profitabel zu machen. Er selbst übernahm für die nächsten fünf Jahre die Kosten für Wasser, Abwasser und den Ausbau der Infrastruktur in Höhe von zehn Millionen Dollar. Der Gemeinde Simmesport mit ihren 1200 Einwohnern spendete er drei Planstellen für Polizeibeamte und zwei neue Polizeifahrzeuge.

Wie sahen die Einwohner von Simmesport das Projekt? Es war ihnen nicht leicht schmackhaft zu machen, berichtet Dennis Mills von Magna; denn sie fürchteten, die neue Nachbarschaft könnte Unruhe und Kriminalität mit sich bringen – Vorkommnisse jener Art, wie man sie nach der Überflutung von New Orleans im Fernsehen gesehen hatte. Aber die Aussicht auf einen wirtschaftlichen Nutzeffekt für die Gemeinde ließ die Mehrheit des Gemeinderats schließlich für die Initiative stimmen.

Bürgermeister James Fontenot zeigte sich vom anfänglichen Widerstand nicht überrascht. „Immer wenn jemand etwas Neues anfängt, gibt es ein paar Leute, die dagegen sind. Wir müssen sie davon überzeugen, dass es funktionieren wird."

Auch Stronach selbst wurde von den Simmesportern, ja sogar von den Evakuierten zunächst argwöhnisch beäugt. Wie kam er dazu, so etwas zu tun? Welches Motiv steckte dahinter? „Ich habe mich ständig gefragt, was er davon hat", sagt der Simmesporter Neubürger Allen Wyman, „bis ich darauf kam, dass er einfach ein prima Kerl ist." Kurzum: Stronachs Handeln erwies sich letztlich als mutig, authentisch, dienstbereit, wahrhaftig, liebevoll und äußerst effektiv. Er *lebte* die CASTLE-Prinzipien und inspirierte andere Menschen, weil erkennbar wurde, dass er sich eins mit ihnen fühlte.

Ein Grund dafür, dass Magna International so schnell und effektiv eingreifen konnte, liegt in einer weiteren Vision Stronachs – nämlich in einer Unternehmenskultur, die der Firmengründer „Fair Enterprise", Faires Unternehmertum, nennt. Das Konzept garantiert den Mitarbeitern, dass sie an den gemeinsam erwirtschafteten Gewinnen beteiligt werden; Angestellte und Führungskräfte sind Mitinhaber des Unternehmens. Dieser mutige Abschied von traditioneller Betriebsführung beinhaltet auch den freien, wahrheitsgemäßen Informationsfluss und den ehrlichen Wunsch, Gerechtigkeit walten zu lassen. Das ist die „Erfolgsformel", nach der Stronach seinen Betrieb zum weltweit größten Teile- und Systemlieferanten für die Automobilindustrie ausgebaut hat.

Die hohe Effizienz des Unternehmens sichert heute jene Profite – jenen wirtschaftlichen Spielraum[7] –, die erforderlich sind, um weiterhin erfolgreich sein, eine große internationale Kundschaft bedienen und am Ende auch dem Gemeinwesen in Nah und Fern etwas zurückgeben zu können.

In den folgenden Kapiteln werden wir nacheinander die sechs CASTLE-Prinzipien betrachten. Ich hoffe, dass diese Prinzipien von Kapitel zu Kapitel mehr Kraft entfalten und Sie dazu inspirieren, den Gedanken des Einsseins und damit auch der bewussten Führungsverantwortung zu verwirklichen.

CASTLE

[7] *Mehr zu diesem Begriff unten im Abschnitt „Effektivität als wirtschaftlicher Spielraum" des Kapitels 10.*

Kapitel

5

Mut

Ein Dackel, von Frauchen auf Fotosafari nach Afrika mitgenommen, jagte einigen Schmetterlingen hinterher und verlief sich dabei im Urwald.

Während er nach dem Rückweg suchte, bemerkte er einen Leoparden, der sich gerade anschleichen wollte und ihn ganz offensichtlich als Mittagessen ausgewählt hatte. Der Dackel dachte: „Oh, oh, das sieht gar nicht gut aus."

> Handle unerschrocken und dir werden unsichtbare Kräfte zur Hilfe kommen.
> *Dorothea Brande*

Da fielen ihm ein paar herumliegende Knochen ins Auge. Über diese Knochen machte er sich in gespielter Gier her, dem Leoparden den Rücken kehrend. Als der Leopard eben zum Sprung ansetzen wollte, rief der Dackel schmatzend: „Mann, war das ein köstlicher Leopard! Ob es hier noch mehr davon gibt?"

Der Leopard stutzte, überlegte fieberhaft und schlich doch lieber pochenden Herzens davon. In sicherer Entfernung seufzte er auf: „Puh, das war knapp, dieser Dackel hätte mich um ein Haar erwischt."

Ein Affe hatte das Ganze von einem Ast aus beobachtet und durchschaut. Jetzt überlegte er, ob er aus der schlauen Finte des Dackels vielleicht Kapital schlagen könnte, und als ihm eine Idee gekommen war, sprang er sofort los, um dem Leoparden ein Geschäft vorzuschlagen. Der Dackel bemerkte jedoch den hastigen Aufbruch und rechnete damit, dass es weiteren Ärger geben würde.

Der Affe hatte den Leoparden bald eingeholt, berichtete atemlos, was ihm aufgefallen war, und konnte das Raubtier zu einer Abmachung zu seinen Gunsten bewegen. Wütend, weil er sich mit Recht als der Düpierte fühlte, knurrte der Leopard: „Los, Affe, spring mir auf den Rücken, wir knöpfen uns diesen hinterlistigen Köter vor."

Der Dackel suchte immer noch nach dem Weg aus dem Dschungel – und jetzt tauchte auch noch dieser Leopard wieder auf, sogar mit dem Affen auf dem Rücken. „O Mann, was mach ich jetzt?", überlegte der Dackel.

Flucht, das erkannte er gleich, war nicht möglich. Also setzte er sich mit dem Rücken zu den beiden anschleichenden Unholden auf den Boden und tat so, als hätte er sie nicht bemerkt. Als sie in Hörweite waren, rief er ungehalten: „Wo bleibt bloß der Affe? Vor einer Stunde schon habe ich ihn losgeschickt, um mir noch einen Leoparden her zu treiben."

Wie Ralph Waldo Emerson sagt: „Welch neues Gesicht doch der Mut allem gibt!"

Größe beginnt mit Mut

Jedes zupackende Handeln, jeder kühne Gedanke verlangt zuerst einmal Mut. Ohne Mut kommt gar nichts in Gang – nichts Neues, nichts Gewagtes, nichts Anderes, nichts Unkonventionelles, nichts Herausforderndes. Wer zu den zehn Prozent gehören will, die etwas verändern, braucht Mut.

> Kühne Ideen sind wie Bauern auf dem Schachbrett. Sie mögen beim Vorrücken geschlagen werden, doch leiten sie vielleicht gerade dadurch den Spielgewinn ein.
>
> *Johann Wolfgang von Goethe*

Jeder eigenständige Gedanke, der Schubladen und Paradigmen sprengt, verlangt Mut. Mut braucht man auch, um aufgeschlossen zu sein für neue Ideen, die von außen kommen und auf den ersten Blick nicht zu unseren eigenen Gedanken zu passen scheinen. Mutig ist ferner die Bereitschaft, es für möglich zu halten, dass die Welt größer sein könnte, als wir gedacht haben –

dass wir Teile eines vernetzten Ganzen sind, das nicht an der Grenze unserer Familie, unserer Firma oder unseres Landes endet. Mut erfordert schließlich die Bejahung jenes aufkeimenden Bewusstseins, dass sich alles, was wir tun, auf das Ganze auswirkt.

Als Nächstes brauchen wir Mut, um eine neue Idee offen auszusprechen, ihr den Weg zu bahnen und sie mit Inhalt zu füllen. Wir brauchen Mut, um deutlich – aber nicht vernichtend, sondern mitreißend – zu sagen, dass wir mit dieser Entscheidung oder jenem Vorgehen nicht einverstanden sind. Das Scheitern von Hunderten von Firmen hätte verhindert werden können, wenn mehr Menschen es gewagt hätten, die Worte auszusprechen, die den Status quo oder den Konsens der Herde in Frage gestellt und Alternativen aufgezeigt hätten. Bei jeder Veränderung ist Mut gefragt – ob es darum geht, ein neues Geschäftsmodell zu erproben, einen neuen Führungsstil einzuüben, eine Konferenz anders zu leiten als üblich, eine innovative Werbekampagne zu schalten, neue Mitarbeiter einzustellen und sie anders zu entlohnen als üblich oder, schließlich, ein Land anders zu regieren als bislang.

Wie schön, dass es noch in jeder Zeit Menschen gab, die genügend Persönlichkeit und Mut besaßen, um zu ihren Überzeugungen zu stehen.
Robert G. Ingersoll

Es verlangt Mut, Klartext zu sprechen, Konformismus und Tradition in Frage zu stellen, den ersten Schritt zu gehen und dabei Angriffen, Verhöhnung und Kritik standzuhalten. Es verlangt Mut, anders zu sein. Es verlangt Mut, frei zu sein, uns Gehör zu verschaffen und die Welt die innere Stimme in uns hören zu lassen.

Mut brauchen wir auch, um uns einzugestehen, dass wir uns in eingefahrenen Gleisen bewegen und dass wir aus dem Rudel ausbrechen müssen, um eine neue Richtung einzuschlagen, die uns inspiriert und wieder unsere Kraft spüren lässt.

Auch die Führungskräfte eines Unternehmens brauchen Mut, um sich klar zu machen, dass der Erfolg der eigenen Firma nicht für sich selbst bestehen kann; denn wenn ein Unternehmen scheitert, weil ein anderes erfolgreicher ist, erleidet der Markt einen Verlust und wird ärmer – weil wir eins sind. Wer hätte wirklich einen

Gewinn davon? Wer gewinnt, wenn wir am Ende ein Monopol besitzen, weil es uns gelungen ist, alle anderen zu verdrängen? Das ist nichts anderes als rücksichtsloser Einsatz der Ellenbogen, ein typisches Feiglingsverhalten, und unter dem Strich hilft solcher „Erfolg" niemandem, weil er dem Ganzen schadet.

Wie wir den Mut verloren haben

Warum ist echter Mut so selten? Wenn wir geboren werden, fehlt es uns nicht an Mut, und Angst kennen wir kaum. Doch das Verhältnis kehrt sich immer mehr um, je älter wir werden. Als Säuglinge melden wir uns lautstark, wenn wir etwas wollen oder brauchen; wir haben keine Angst vor nachteiligen Folgen. Wir sind mutig, weil wir noch eins mit der Welt sind; Herz und Geist kennen noch nicht das Trennungsgefühl, das uns ängstlich macht. Nach und nach tauschen wir jedoch unseren Mut und unser Ganzsein gegen Zustimmung ein.

Denn Liebe und Anerkennung sind die größten Bedürfnisse des Menschen. Wenn jemand seinen Ansprüchen an uns mit der Androhung von Liebesentzug Nachdruck verleiht, wir seinen Wünschen aber nicht nachkommen wollen, stehen wir vor einer Entscheidung: unseren Mut und unsere Eigenständigkeit zu wahren oder beides aufzugeben. So wie Twiddeldum in Lewis Carrolls Buch *Alice hinter den Spiegeln,* der sagt: „Ich bin für gewöhnlich sehr mutig, nur dass ich heute leider Kopfweh habe." Wenn wir den Mut verlieren, verlieren wir die Kraft unserer Persönlichkeit.

Das fängt klein und harmlos, aber schleichend an. Als Kinder lernen wir schnell, unsere Reaktionen auf Stichworte und andere Signale abzustimmen. Wir trainieren uns das erwünschte Verhalten an, um es denen recht zu machen, von denen wir abhängig sind und die uns mehr oder minder offen den Entzug von Nahrung, Wohlgefühl und Zuneigung als „Strafe" androhen. Das nennt sich „Erziehung". Es dauert nicht lange, bis das andressierte Verhalten automatisch wird, weil unser Gehirn seine Schaltungen entsprechend angepasst hat. Der englische Kinderarzt und Psychoanalytiker Donald Winnicott (1896-1971) hat zusammengefasst, welche Schäden Kinder erleiden können, wenn Wohlverhalten mit Druckmitteln durchgesetzt wird. In seinem Buch *Maturational Process and the Facilitating Environment* (1965)[8] schreibt er: „Unterordnung bringt unmittelbare Vorteile, und Erwachsene verwechseln Unterordnung allzu leicht mit Reifung." Unterordnung führe nicht zur Reife, sondern zu Entwicklung eines „unechten Ich", weil dem wahren Ich kein Spielraum gegeben wird. Verhaltensdressur in der Zeit vor der Spracherlernung, so Winnicott, lasse die „spontane Gestik" des Kindes nicht aufkommen. Später übertragen wir die erlernte Unterdrückung unserer Spontaneität auf unser gesamtes Leben, auf Schule, Religion, Beziehungen, Arbeit und Politik. Wenn uns der Mut zur Spontaneität fehlt, fangen wir an, ein Leben zu führen, das nicht mehr authentisch ist. Kurzum: Durch eine Konditionierung, der leider ausgerechnet unserer Sehnsucht nach Einssein Vorschub leistet, büßen wir nach und nach unseren Mut ein. Und weil das in so kleinen Schritten passiert, merken wir wenig von diesem Verlust und dem allmählichen Schwinden unseres Einsseins mit der Welt. Irgendwann empfinden wir unsere Anpassung als normal, zumal sie uns die Anerkennung einbringt, die wir so sehr brauchen.

Wenn uns dann jemand sagt, dass es uns an Mut fehle, werden wir diese Meinung nicht teilen. Wir sehen uns als Menschen, die den Herausforderungen des Lebens durchaus mutig die Stirn bieten. Sobald wir uns jedoch gewisse Bereiche unseres Lebens genauer ansehen – unsere Beziehungen, die Art unserer Kommunikation, unsere Kleidung, unser Denken, ja sogar unser Wahlverhalten –, darf der Verdacht aufkommen, dass wir doch nicht immer authentisch sind, dass es hier und da an Mut fehlt. Je länger wir darüber nachdenken, desto mehr Momente und Situationen werden uns bewusst werden, in denen wir unsere Integrität für Anerkennung verkaufen.

> Mut ist nicht die Abwesenheit von Angst, sondern die Einsicht, dass es um etwas geht, das wichtiger ist als Angst.
> *Ambrose Redmoon*

In ihrem Buch *Sacred Contracts: Awakening Your Divine Potential* (Harmony, 2002) schreibt Caroline Myss: „Solange du Beifall

8 *Die jüngste deutsche Ausgabe ist unter dem Titel* Reifungsprozesse und fördernde Umwelt *2004 im Psychosozial-Verlag erschienen.*

von außen weder suchst noch brauchst, bist du ganz in deiner eigenen Kraft. Niemand kann dich emotional oder psychisch unter Druck setzen. ... Man kann nicht lange in dieser Gespaltenheit leben, einerseits sich selbst treu bleiben zu wollen und andererseits die Zustimmung anderer zu brauchen."

Wo uns der Mut fehlt, spalten wir uns von unseren eigenen Wertvorstellungen und Überzeugungen ab und tun Dinge, die sich nicht mit unserem Empfinden vertragen. So geht uns unsere Einheit verloren, das Gefühl von persönlicher Ganzheit. Der erste Schritt zurück zu unserem Mut und damit zurück zum persönlichen Einssein, das wir für das Gefühl eines erfüllten, inspirierten Lebens unbedingt brauchen, besteht darin, nicht an dem Drang nach Zustimmung und Anerkennung festzuhalten.

Mut und die Notwendigkeit, das Ego zu zähmen

Es gehört Mut dazu, neue Ideen zu akzeptieren und sich anzueignen, die auf den ersten Blick nicht unserer Intuition zu entsprechen scheinen, weil sie uns schlichtweg ungewohnt sind. Wäre das nicht so, gäbe es kein untaugliches und unproduktives Verhalten. Im Umgang mit Mitarbeitern und Kunden würde stets alles reibungslos laufen, Ehen würden ewig halten, und es herrschte Friede auf Erden. Oder in den Worten der für ihre Scharfzüngigkeit bekannten Dorothy Parker:

Oh, das Leben ist ein herrlicher Liederreigen,
ein Potpourri der Stegreifschöpfung;
und die Liebe, die Liebe, geht nie in die Irre,
und ich bin die Kaiserin von China.

Nicht viele haben den Mut, Ideen oder Vorstellungen in die Tat umzusetzen, die sich nicht mühelos in ihr bestehendes Weltbild einordnen lassen; da müsste man ja gelten lassen, dass Verhältnisse, Ideen und Menschen, mit denen wir nicht einverstanden sind oder die unser Ego auf eine harte Probe stellen, genau die

Lehrer sein könnten, die wir brauchen. Oder, wie der Dalai Lama gern sagt: „Es gibt keine größeren Lehrer als unsere Feinde." Wenn wir jede Herausforderung als Lern- und Entwicklungschance sehen, richten wir unsere Beziehungen, Ideen, Aktionen und Reaktionen neu aus, und dazu gehört Mut.

> Sag, was du denkst, und sei es auch mit bebender Stimme.
>
> *Maggie Kuhn*

Als Coach und ganzheitlicher Unternehmensberater habe ich einen der schönsten Berufe, die man sich denken kann. Ich habe mit wunderbaren, spannenden Menschen zu tun, die ihre Arbeit lieben, die nach den Prinzipien des Einsseins leben wollen und so die Welt inspirieren und verändern. Aber meine Arbeit verlangt auch immer wieder Mut. Ich bin oft der Laternenpfahl, an dem Kritiker ihr Bein heben. Ich bin schon von allen möglichen Personen auf jede erdenkliche Art aufs Korn genommen und lächerlich gemacht worden, weil ich Führungstheorien vertrete, die auf Mut, Echtheit, Dienen, Wahrhaftigkeit, Liebe und Effektivität beruhen. Gerade im Wirtschaftsleben braucht man wirklich Mut, um aufzustehen und deutlich zu sagen, dass wir eine ganz andere, eine inspirierte Welt schaffen könnten, wenn wir verstünden, was Einssein bedeutet, wenn wir Liebe walten ließen, wenn wir die Wahrheit sagten und Mythos, Mysterium und Magie ihren Platz einräumten. Zudem brauche ich auch deshalb Mut, weil ich weiß, dass viele Menschen auf mich blicken, wenn es um Arbeitsplätze, um ihren persönlichen Erfolg oder um den der Firma geht, und dass ich diese Menschen enttäusche, wenn ich mit meinen Empfehlungen falsch liege.

Ich brauche also Mut, um echt sein zu können – das heißt immer so, wie ich tatsächlich bin – und um sagen zu können, was ich wirklich meine, dabei aber aufgeschlossen zu bleiben für Möglichkeiten und Ideen, die nicht unbedingt zu meinen persönlichen Vorlieben passen. Damit fängt alles an: mit dem Mut, aus Paradigmen und Mustern auszubrechen und, wie einer meiner Klienten es einmal getan hat, einem versammelten Konzernvorstand zu sagen: „Ich weiß, dass Sie diese Zahlen im nächsten Quartal erreicht sehen möchten, aber das geht nicht, weil ich dann Menschen schaden müsste. Der Mensch muss an erster Stelle stehen, noch vor den Zahlen. Geben Sie mir bitte mehr Zeit." Das geschah dann auch, weil der Vorstand von Mut und Leidenschaft dieses Managers beeindruckt war.

Vor einiger Zeit hatte ich mit einer Gruppe von 30 Spitzenmanagern eines großen Unternehmens zu tun. Ich legte dar, wie man eine inspirierende Unternehmenskultur entstehen lassen kann, wenn man aus der eigenen Mitte heraus zu Angestellten, Außendienstmitarbeitern und Kunden spricht. Nachdem ich meine Gedanken unterbreitet hatte, meldete sich jemand zu Wort, der meine Position in Bausch und Bogen verwarf und dann eine Breitseite von Sarkasmus und persönlicher Verunglimpfung auf mich abfeuerte. Nachdem er sich ausgiebig Luft gemacht hatte, setzte er sich wieder.

Scheue dich nicht, ganz allein dazustehen. An diesem Platz winkt der Erfolg.
Anonym

Ich war völlig verdattert, aber auch verletzt, und musste erst einmal tief durchatmen. Von diesem Augenblick hing die Zukunft meiner Beziehung zu diesem Unternehmen ab. Die Zukunft des Unternehmens allerdings auch. Diese 30 Manager hatten sich zu entscheiden, ob sie wirklich herausragend und inspirierend werden oder an ihrem 08/15-Führungsstil und ihrer Finanzmisere festhalten wollten. Ich sah meinen aggressiven Herausforderer an. 30 Augenpaare waren auf mich gerichtet. Die Luft stand still, weil alle den Atem anhielten.

„Tom", begann ich leise, „ich glaube, ich verstehe, was Sie sagen wollen. Aber könnten Sie versuchen, es noch einmal so zu formulieren, dass es inspirierend wirkt?"

Tosende Stille. Alle atmeten vorsichtig aus. Das war, wie sich herausstellte, ein Augenblick von hohem Lerneffekt, in dem wir alle etwas über Mut, Kommunikation und Inspiration erfahren hatten. Dieses Unternehmen gehört inzwischen zu meinen erfolgreichsten Klienten und gilt als Paradebeispiel für eine erfolgreiche Kehrtwendung. Mit Tom fahre ich regelmäßig zum Skifahren.

Mut adelt, Mut erlaubt Entwicklung und Echtheit und zielt meist auf mehr als auf die Befriedigung unseres angstbesetzten Egos ab. Tim Berners-Lee, seit 2004 Sir Timothy, könnte heute vielleicht der reichste Mann der Welt sein, hätte er nicht sehr viel Mut bewiesen. 1980 arbeitete er an der europäischen Forschungseinrichtung CERN bei Genf und ärgerte sich ständig darüber, dass es so schwierig war, einen Überblick über die Forschungsvorhaben und vor allem über die vielen beteiligten Computer zu behalten, mit deren Hilfe die Experimente analysiert wurden. Er entwickelte ein System, mit dem Computer vernetzt werden konnten, anfangs zwischen den 5.000 Forschern bei CERN, letztlich jedoch zwischen allen Computern weltweit. Dieser Durchbruch wird als der Ursprung des Internets gesehen.

1990, damals war er 35 Jahre alt, traf Berners-Lee die folgenschwere Entscheidung, seine Web-Software nicht patentieren zu lassen. In seinem Weitblick sah er kommen, dass ein auf geschützter Software basierendes Web zur Entwicklung konkurrierender Webs führen würde, die sich im Besitz großer Firmen befinden – babylonische Zustände statt des fließenden, von elektronischen Zäunen freien Systems, das heute existiert. Er hatte den Mut, auf sein Gewissen zu hören und verantwortungsbewusst zu handeln. So gehört er heute nicht zu den Superreichen, aber er hat die Welt verändert, weil jeder Computerbesitzer jetzt ohne weiteres mit jedem anderen in Verbindung treten kann. Er sah die Gefahren des Trennungsdenkens und wählte das Einssein.[9]

> Hinter einem erfolgreichen Unternehmen steht immer jemand, der irgendwann eine mutige Entscheidung getroffen hat.
> *Peter F. Drucker*

Mut leben, nicht predigen

Mut spielt überall im Leben eine wichtige Rolle, bei der Arbeit, in der Schule, im Umgang mit den Kindern, in unseren Beziehungen, bei unserer Arbeit als Lehrer und Coaches, in der Politik. Ohne Mut gibt es keine Führungsqualitäten, weder im Beruf noch im Privatleben.

9 *Heute hat Tim Berners-Lee eine wichtige Position im Labor für Computerwissenschaft und künstliche Intelligenz am Massachusetts Institute of Technology (MIT) inne und leitet das World Wide Web Consortium, ein offenes Forum von Unternehmen und Institutionen, das sich darum bemüht, das Potenzial des Internets voll auszuschöpfen.*

Sorious Samura wuchs als eines von neun Geschwistern in ärmlichen Verhältnissen in Freetown, Sierra Leone, auf und besuchte eine englischsprachige christliche Schule. Dort wurde ihm klar, welchen Nutzen die darstellende Kunst haben kann, wenn es darum ging, die politischen Verhältnisse in seinem Heimatland bewusst zu machen. Gegen Ende der achtziger Jahre arbeitete er als Regieassistent an einem Theater, als ihm eine digitale Videokamera in die Hände fiel, deren Handhabung er sich selbst beibrachte. Später arbeitete er gemeinsam mit professionellen Filmcrews aus dem Ausland an Dokumentarfilmen für UNESCO und produzierte die zehnminütige Dokumentation *Giving Them a Chance*.

Vertraue auf diese leise kleine Stimme, die sagt: „Das könnte gehen, ich werde es versuchen."
Diane Mariechild

1999, mitten im Bürgerkrieg, filmte er die nach Freetown eingedrungenen Rebellen, wurde dabei festgenommen, bestraft und mit der Warnung freigelassen, man werde ihn umbringen, wenn er noch einmal beim Filmen der Milizen erwischt werde. Sie drohten, ihm das Herz heraus zu schneiden und es zu essen. „Das hätten sie auch getan", sagt Samura, der heute als anerkannter Dokumentarfilmer in London lebt.

Er hatte Glück gehabt, denn eine Gefangennahme durch die Rebellen überlebten nur wenige, und wenn, dann meist verstümmelt. Samura ließ sich nicht einschüchtern und kehrte sofort auf die Straße zurück, wo er sich fortan immer in Deckung hielt. Während er ständig dem Feuer von Heckenschützen ausweichen musste, filmte er, wie Menschen in brennenden Gebäuden umkamen. Er filmte die Panik, er filmte Foltern, er filmte die verheerende Wirkung von Hochleistungsgeschossen, wenn sie in menschliche Körper einschlagen. Seine Ausbeute war so bestürzend, dass er sich die eigenen Filme daheim nicht ansehen konnte. Aber er filmte weiter. Er lernte, wie man die Kamera versteckt halten und trotzdem mit ruhiger, sicherer Hand betätigen kann.

Sein Debütfilm *Out of Africa*, ein an die Grenze des Erträglichen gehender Bericht über die Bürgerkriegsopfer in seinem Land, wurde mit dem prestigeträchtigen Rory-Peck-Preis ausgezeichnet. Bei der Preisverleihung sagte Samura: „Ihr habt gut klatschen, wenn ich vorführe, wie sich die Leute in meinem Land gegenseitig umbringen. Aber wo seid ihr gewesen? Warum wart ihr nicht da? Ich habe mein Leben bestimmt nicht für Preise und Geld aufs Spiel gesetzt. Ihr könnt euren Preis wiederhaben, wenn ihr wollt, aber geht hin, geht nach Sierra Leone."

Das Publikum sprang auf und applaudierte ihm.

Wie viele quälende Meetings und Konferenzen haben wir nicht schon durchgestanden, bei denen auch wir uns leise fragten: „Wo seid ihr gewesen? Warum wart ihr nicht da?" Und im Privatleben, ist es da nicht auch so?

> Mut ist die Bereitschaft zu bestätigen, was man sich denken kann.
> *Leo Rosten*

Weil wir unter Mut gern „Tapferkeit vor dem Feind" und dergleichen verstehen, übersehen wir leicht die subtileren und tieferen Formen des Muts: den Mut, authentisch und aufrichtig zu sein, unsere Verletzlichkeit zu zeigen, Fehler einzugestehen, neue Ideen vorzutragen, die zunächst vielleicht nur auf Häme treffen – oder einfach nur „Es tut mir Leid" zu sagen.

Charles Swindoll schreibt: „Mut spielt nicht nur auf dem Schlachtfeld und beim Formel-1-Rennen eine Rolle oder wenn man einem Dieb im eigenen Haus entgegen tritt. Echte Mutproben sind viel weniger spektakulär. Es sind die inneren Prüfungen: ehrlich bleiben, auch wenn niemand hinsieht, dem Schmerz standhalten, wenn niemand im Zimmer ist, allein dastehen, wenn du missverstanden wirst."

Mut gegen Vorurteile

Mut müssen wir nicht erst *finden*; wir haben ihn schon, wir müssen ihn uns nur wieder zu Eigen machen.

Wie können wir wieder mutig werden? Woher nehmen wir den Mut, jemandem zu sagen, was wirklich in uns vorgeht? Den Mut, die Wahrheit zu sagen? Authentisch zu sein? Anderen zu dienen und sie zu achten? Sie zu lieben? Die Beziehungen zu ihnen wie alles in unserem Leben effektiv zu gestalten? Kurz, wie finden wir den Mut, nach den CASTLE-Prinzipien zu leben?

Sogar eine neue Liebe fordert unseren Mut. Denn da heißt es ja, einem andern unser Herz zu öffnen und ihn oder sie die Geheimnisse unserer Seele sehen zu lassen. Vorgefasste Anschauungen können dabei im Weg stehen, und wir müssen allen Mut zusammennehmen, damit sie uns nicht den Blick verstellen.

Adele Azar-Rucquoi hätte niemals für möglich gehalten, dass sie ihren Märchenprinzen unter den Obdachlosen und Mittellosen finden würde. Sie war 59 Jahre alt, sie hatte nichts unversucht gelassen, um den Mann ihrer Träume zu finden, und sie war nahe daran aufzugeben.

Dann klopfte das Schicksal bei ihr an, wie es oft so ist. Ein Anruf ihrer Freundin Lynn sollte ihr Leben verändern.

„Adele, ich habe einen Mann getroffen, der Thomas Merton liest", sagte Lynn. „Er heißt Jim. Ich möchte, dass du ihn kennen lernst." Adele hatte alles, was der Dichter-Mönch Thomas Merton je veröffentlicht hatte, geradezu verschlungen. Mertons erdverbundener Weg zu Gott hatte sie tief geprägt. „Die größte Versuchung liegt darin, sich mit zu wenig zufrieden zu geben", hatte Merton formuliert.

Wir haben, was wir suchen. Es ist jederzeit da, und wenn wir ihm Zeit lassen, wird es sich uns zeigen.
Thomas Merton

Aber, fuhr Lynn fort, die Sache habe einen Haken. Denn Jim hatte kein Dach über dem Kopf und lebte seit mehr als einem Jahr auf den Straßen von Orlando. Ohne Heim, ohne Geld. Dadurch kam er eigentlich nicht in Frage für Adele, die die längste Zeit ihres Lebens ein zwiespältiges Verhältnis zum Thema Geld gehabt hatte.

In Ihrer Jugend hatte Adele gegen ihren Vater und seine, wie sie fand, zwanghafte Beziehung zum Geld aufbegehrt. Er war stolz gewesen auf das, was er durch Sparsamkeit und harte Arbeit aufgebaut hatte. Erst war es das eigene Lebensmittelgeschäft, später kam Grundbesitz in Florida hinzu. Adele absolvierte das College, fühlte sich dann aber berufen, ihr Leben Gott zu weihen. Sie trat zum Katholizismus über und entzog allen Geldfragen den Boden, indem sie die Armutsgelübde ablegte und Nonne wurde. 16 Jahre später verließ sie das Kloster und nahm erst eine, dann eine zweite, dann eine dritte Arbeit an, um sich irgendwie zu versorgen. Es entging ihr nicht, dass sie genau in die Mühle geraten war, deren Folgen sie bei ihrem Vater so unerträglich gefunden hatte. Der Vater starb einige Jahre später und hinterließ Adele ein stattliches Erbe. Das Geld, das sie verflucht hatte, gehörte jetzt ihr.

Sie war also jetzt eine wohlhabende Frau. Weshalb sollte sie einen Obdachlosen kennen lernen? Nur weil er Merton liebte?

Ihre Freundin Lynn wusste es besser. Sie besaß ein untrügliches Gespür für Menschen und dazu das Talent, sie in der Tiefe wahrzunehmen, ohne zu urteilen. Sie sah in Jim nicht den Stadtstreicher, sondern den Gelehrten, den Dichter, den Philosophen – wie geschaffen für Adele.

Widerstrebend stimmte Adele einem von Lynn arrangierten gemeinsamen Frühstück zu. Dann saß sie in diesem Restaurant, nippte nervös an ihrem Kaffee und machte sich auf das Schlimmste gefasst. Würde er in zerschlissener Kleidung auftreten? Streng riechen? Sich schlecht benehmen? Dann sah sie Lynn von weitem kommen, neben ihr ein hoch gewachsener hagerer Mann. Ihre Ängste verflogen. Jim besaß gut frisiertes strohblondes Haar, trug einen kleidsamen Bart, und seine blauen Augen blickten gerade und offen in die Welt. Er hatte etwas von einem gutmütigen zerstreuten Professor. Er reichte ihr höflich die Hand und half den beiden Frauen mit den Stühlen. Er wirkte gelassen und selbstbewusst, kein bisschen nervös. Ganz entspannt plauderte er über seinen neuen Laptop. Ein Obdachloser mit Laptop! Adele staunte. Es war ein sonderbarer Anfang zwischen einer begüterten Frau und einem mittellosen Mann. Adele musste sich zusammenreißen, um ihn nicht anzustarren. Bei Bacon und Eggs gewann sie allmählich ihre Fassung zurück.

Es ließ sich nicht leugnen, sie fand ihn anziehend. Fasziniert folgte sie seinen Worten und beobachtete seine Gesten. Diese Augen, dieses Lächeln – was für eine Geschichte mochte dahinter

Feigheit fragt: Ist das auch sicher? Nützlichkeitsdenken fragt: Ist das taktisch klug? Eitelkeit fragt: Kommt das gut an? Das Gewissen fragt nur: Ist das richtig? Es kommt der Augenblick, wo man einen Standpunkt einzunehmen hat, der weder sicher noch taktisch klug ist, noch gut ankommt – einfach weil er richtig ist.

Martin Luther King

stehen? Was hatte dieser Mann erlebt, dass er so tief gefallen war? Weshalb hatte er sich für ein Vagabundendasein entschieden?

So munter das Gespräch auch floss, die unausgesprochenen Fragen ließen doch eine spürbare Befangenheit zwischen den beiden aufkommen. Lynn entging das nicht, und so besann sie sich gegen Ende des Gesprächs auf ihre Rolle und sagte. „Wir hoffen, dass wir Sie beim nächsten Merton-Meeting sehen. Übrigens", fuhr sie en passant fort, „brauchen Sie sich keine Gedanken zu machen, wie Sie hinkommen, wir holen Sie ab." „Oh, das wäre schön", erwiderte er und sah Adele an.

Sie trafen sich noch zweimal, erst bei dem Merton-Treffen und dann bei einem Picknick, zu dem Jim Adele eingeladen hatte. Adele hatte mit Bedenken zugestimmt; sie konnte sich nicht vorstellen, wovon Jim das Picknick bestreiten wollte. Am verabredeten Tag fuhr sie mit dem Auto zu der Stelle, die sie ausgemacht hatten. Dann fand sie es plötzlich unangemessen, bei ihrem obdachlosen Kavalier mit dem Cadillac vorzufahren, und stellte den Wagen ein paar Straßen vorher ab, um den Rest zu Fuß zu gehen.

„Wo ist Ihr Wagen?", wollte Jim gleich wissen.

„Ich habe ihn zu Hause gelassen", log Adele. Sie traute sich nicht, die Wahrheit zu sagen.

Jims Qualitäten als Gastgeber hatten unter seiner sozialen Lage nicht gelitten. Er tischte Sandwiches, Chips, gekühlte Getränke und zum Nachtisch sogar feines Gebäck auf. Seine entspannte Art beeindruckte sie ebenso wie sein Einfallsreichtum. Das Gespräch wandte sich dennoch – oder deshalb – bald ernsteren Dingen zu. Jim hatte sich gesagt, es sei an der Zeit, Adele reinen Wein über seine Vergangenheit einzuschenken und all die Fragen zu beantworten, die sie seit der ersten Begegnung beschäftigen mussten. Seine Lebensgeschichte erwies sich als verwickelter und leidvoller, als Adele sich je hätte träumen lassen.

Ein Mensch weiß, dass er seine Berufung gefunden hat, sobald er aufhört, über das Leben nachzudenken, und anfängt zu leben.
Thomas Merton

Ganz im Innern hatte Jims wahre, unerfüllte Bestimmung immer darin bestanden, als Künstler und Dichter zu leben, aber er hatte seine Begabungen Tag für Tag unterdrückt, um etwas zu sein, was ihm nicht entsprach – im materiellen Sinne erfolgreich. Er hatte jung geheiratet und sah sich früh in der Pflicht, eine Frau und zwei Kinder ernähren zu müssen. So tat er, was zu geschehen hatte, um das wirtschaftliche Überleben seiner Familie zu sichern. Nach etlichen Jahren auf diesem Weg, der ihm nicht lag, sah er sich immer tiefer in düstere Schatten hinab sinken. Ein tiefes Gefühl von Versagen kam über ihn. Seine Ehe zerbrach.

„Nach zwanzig Jahren haben wir uns getrennt", sagte er. „Ich ging als Reservist der Navy für längere Zeit nach Key West, und danach brachte ich mein Leben endlich in Schwung." Jim berichtete Adele, wie er sich ganz in seine Dichtung und Schriftstellerei versenkt und der lange unterdrückten Muse nachgegeben hatte. Bald lernte er eine andere Frau kennen, Bohemien und Freigeist wie er. Sie heirateten, aber nach und nach rutschte Jim immer weiter in seine ganz eigene seelische Hölle ab. Er suchte Rat bei einem Therapeuten und bekam zu hören: „Jim, Sie haben Ihr Zuhause, Ihre Familie und alles, was sonst noch vertraut war, verlassen. Das erzeugt einen Dauerstress, der größer nicht sein könnte."

Der Mann hatte Recht. Nicht lange danach erlebte Jim einen so kompletten geistig-seelischen Zusammenbruch, dass er seine neue Frau tötete. Drei psychiatrische Gerichtsgutachter stuften ihn als zum Zeitpunkt der Tat unzurechnungsfähig ein, weshalb das Gericht auf ein relativ mildes Strafmaß entschied. Nach sieben Jahren Haft in Florida kam Jim auf Bewährung frei. Von da an lebte er in Orlando auf der Straße und genoss seine neue Freiheit.

Adele hörte sich den Bericht staunend an. Es war eine verstörende Lebensgeschichte, aber zugleich kam eine tiefe Ruhe über sie. Sie konnte sich diese Ruhe nur als göttliche Gnade erklären. Jedenfalls kannte sie jetzt seine ganze, an Traumatisierungen reiche, Vergangenheit. Ihr war klar, dass sie schnell würde entscheiden müssen, ob sie diese Beziehung fortsetzen wollte oder nicht. Dass sie sich zu ihm hingezogen fühlte, war nicht zu leugnen; aber letztlich befand sie doch, dass eine Beziehung zu einem Obdachlosen mit solch einer Vergangenheit für sie keine Zukunft haben könnte.

Als Jim wieder anrief, um sich mit ihr zu verabreden, sagte sie: „Nein, wir werden uns nicht mehr treffen." Es folgte ein langes

Schweigen und ein Seufzer, und sie spürte deutlich, wie weh es ihm tat. Jim sagte: „Wenn Sie es so möchten, gut."

In den nächsten Wochen ging er Adele aber nicht aus dem Kopf, und es begegneten ihr mehrere Zufälle, durch die sie ein immer klareres Bewusstsein für seine Lage fand. Sie erkannte, dass es ungerecht war, ihn nur nach den Rückschlägen und tragischen Erlebnissen seines Lebens zu beurteilen oder danach, dass er seinen materiellen Besitz verschleudert hatte. Ihr dämmerte, dass Jim sich in einer spirituellen Übergangsphase befand und dass er unabhängig von den äußeren Lebensumständen seine Würde bewahrt hatte. So schrieb sie eine kurze Nachricht und schickte sie an das Postfach, das er genannt hatte.

Als er sie daraufhin anrief, erzählte er gleich ganz aufgeregt, er sei jetzt bei einer katholischen Familie aus derselben Kirchengemeinde untergekommen, der er auch angehörte. Sie hätten ein Zimmer frei gehabt und ihn eingeladen. Das Vertrauen, das andere Jim offensichtlich schenkten, gab auch Adele Kraft.

„Kommen Sie doch am Sonntag mit uns zur Messe", lud er sie munter ein.

Danach musste Jim Adele nicht mehr lange den Hof machen. Schon wenige Wochen später war Adele sich sicher, dass sie sich diesem Mann näher fühlte als irgendeinem Menschen jemals zuvor. Jim und Adele heirateten am 10. Dezember 1993.

Mit mutigem Handeln öffnen wir unser Leben für die erstaunlichsten „Zufälle". Als Adele den Mut fand, ihrem Herzen zu folgen, ebnete sie den Weg für ein Wunder dieser Art. Vier Jahre später entdeckte Jim nämlich zufällig, dass ihm aus seiner Zeit als Lehrer eine nicht geringe Pension zustand. Das hatte er schlicht vergessen. Auch seine Kunst brachte jetzt etwas ein, und so konnte er sogar zu den gemeinsamen Finanzen einen schönen Anteil beisteuern.

Was Adele Azar-Rucquoi durch ihre Begegnung und spätere Ehe mit Jim über Mut gelernt hat – zum Beispiel etwas in Erwägung zu ziehen, was den eigenen vorgefassten Anschauungen nicht entspricht –, hat ihr schließlich die Kraft gegeben, ein Buch zu schreiben. Es heißt *Money As Sacrament* (Celestial Arts, 2002) und ist vornehmlich für Frauen gedacht, die ihre Geldnöte beenden und eine entspannte Beziehung zum Geld aufbauen möchten.

Die Ehe der beiden ist heute noch sehr lebendig, und sie sind einander eng verbunden. Jim ist wieder ganz ins Leben zurückgekehrt. Sein Selbstbewusstsein hat auch durch Kunstausstellungen, die ihm Anerkennung und Kunden einbrachten, Auftrieb erhalten. „Mit Jim alt zu werden, ist ein reines Vergnügen“, sagt Adele. „Mein Ja zu ihm war die beste Entscheidung, die ich treffen konnte.“

Mut und tiefe Liebe ließen Adele unter der Oberfläche seiner materiellen Lage am Rand der Gesellschaft erkennen, wer Jim wirklich war. Ihre Gebete um einen Lebensgefährten waren erhört worden; jetzt brauchte sie nur noch den Mut, dieses Geschenk auch anzunehmen, und dazu gehörte die Bereitschaft, sich nicht von dem ersten Eindruck leiten zu lassen, der wahrlich nicht ihren Vorstellungen entsprach.

Es spricht sicher auch für den Mut der beiden als Paar und für die Stärke ihrer Verbindung, dass sie zum ersten Mal ihre ganze Geschichte erzählt haben und mich darüber in diesem Buch schreiben ließen. Sie haben es in dem Wissen getan, dass auf jedem schwierigen und tragischen Weg etwas zu lernen ist, was weitergegeben zu werden verdient. In diesem Fall hießen die Lerninhalte Mut, Verzeihen und Liebe.

Mut lohnt sich

Mut zahlt sich aus. Ich glaube sogar, dass hier ein universales Gesetz am Werk ist, das ungefähr so lautet: „Was du an Können und Inspiration herausbekommst, hängt unmittelbar davon ab, wie viel Mut du hineingesteckt hast.“

Ich bin ein leidenschaftlicher Skifahrer und bin am liebsten mit erstklassigen Könnern unterwegs, die das Letzte aus mir herausholen – die mich manchmal in richtige Angstsituationen bringen. Jedenfalls sind es immer Leute, die mich mögen; also vertraue ich mich ihnen an. Ich muss zwar allen Mut aufbieten, um mich von ihnen einen 60 Grad steilen Hang hinunter scheuchen zu lassen, aber wenn ich es einmal geschafft habe und es dann ohne Angst wiederholen kann, ist das eine Freude, die sich kaum beschreiben lässt. Liebevolle, einfühlsame Lehrer, Coaches und Vorgesetzte spornen uns zu *noch* mehr Mut an. Wenn wir uns darauf einlassen, wachsen wir und finden Inspiration und können deshalb selbst inspirieren.

Mut steht also am Beginn aller Veränderungen. Wie Katherine Butler Hathaway gesagt hat: „Wenn du dich von der Angst vor Folgen davon abhalten lässt, deiner tiefsten Eingebung nachzugehen, wirst du ein sicheres und vorteilhaft eingerichtetes, aber fades Leben führen.“ Wer ein neues Leben anfangen, eine neue Beziehung eingehen, Angestellte lieber inspirieren als entlassen, eine Gewohnheit ablegen, abnehmen, die Wahrheit sagen oder – das nächste CASTLE-Prinzip – echt sein möchte, braucht vor allem Mut.

Dies ist das Mutigste, was du tun kannst, wenn du nicht mutig bist: Tu einfach so, als wärst du mutig, und handle danach.
Corra Harris

So gewinnen Sie Ihren Mut zurück

Sei mutig! Das ist leichter gesagt als getan. Wäre es anders, könnte das Leben kaum so viele Hindernisse und Schwierigkeiten bieten. Wie können wir also unsere Mut-Muskeln trainieren? Wir können, um einige Vorschläge zu nennen:

- die Verantwortung für unser Tun selbst übernehmen und sie nicht auf ein nebelhaftes, vages „die da“ abschieben;
- unser Gewissen befragen und es als eine Art Lackmustest für Recht und Unrecht benutzen. Es geht nicht darum, was mir jetzt gerade am wenigsten Ärger macht oder mein Ego am wenigsten ankratzt; es geht darum, was für mich jetzt in diesem Augenblick stimmt. Eine im Internet veröffentlichte Umfrage ergab, dass 73 Prozent der Befragten Verantwortungsgefühl und Gewissen als die wichtigsten Bedingungen für Mut im Arbeitsleben ansahen, gefolgt von Liebe (11 Prozent), Opferbereitschaft (7 Prozent) und Angst (7 Prozent). Was ist für Sie im Moment richtig?

- weniger über Mut reden und öfter mutig handeln, zuerst für uns allein, dann mit oder gegenüber anderen. Dann wird mutiges Auftreten uns immer selbstverständlicher. Jeder muss den Mut, den er von anderen erwartet, bei sich selbst einüben;
- uns daran erinnern, dass Mut von Leidenschaft kommt. Wenn wir uns vom Leben abkoppeln, werden wir kaum mit Leidenschaft leben. Wie wollen wir dann unsere Mutreserven mobilisieren? Finden wir aber die richtigen Menschen und eine Sache, die uns wirklich begeistert, wird uns auch der Mut dazu nicht fehlen. Wo etwas uns leidenschaftlich bewegt – Menschen, Arbeit, Natur, Ideen, Anliegen –, wird uns kaum bewusst, dass überhaupt Mut gefordert ist. Das ist dann gar kein Thema – wir *werden* mutig sein. Schüren Sie das Feuer Ihrer Leidenschaft fürs Leben?
- uns ein Umfeld schaffen, in dem wir uns sicher fühlen, sodass wir unsere Mut-Energie nicht an überflüssigen Stellen verbrauchen. Manches verlangt ja Mut einfach deshalb, weil es beängstigend ist. Echte Wertschätzung für Mut (bei uns selbst und anderen) wird ein Umfeld schaffen, in dem die Menschen sich nicht scheuen, aufrichtig und echt zu sein. Sind Sie jemand, der für sich selbst und im Zusammenwirken mit anderen diese Geborgenheit schafft, einfach dadurch, dass er beängstigendes Verhalten vermeidet – Einschüchterung, Wutausbrüche, Drohungen, Feindseligkeiten, aggressiver Eigennutz, Waghalsigkeit, unehrliches Taktieren? So verpufft kein Mut in Belanglosigkeiten und bleibt für die wichtigen Dinge zur Verfügung;
- Teufelskreise durchbrechen. Wir finden vor, was wir erwarten. Folglich finden wir, besonders im Arbeitsleben, eine Menge Feigheit vor. Unterstützen Sie mutiges Handeln, sodass andere sich immer häufiger dazu durchringen können? Belohnt Ihr Firmen- oder Familienkodex Mut und gibt Ihnen und anderen den Ansporn, mutig vorzutreten?

Unterm Strich

Warum brauchen wir Mut?

Weil jede wichtige Veränderung
mit Mut anfängt.
Deshalb ist Mut der erste Schritt
zum Einssein.

Arbeitsblatt

Gedanken, die Mut machen

Schildern Sie eine Situation in Ihrem Leben, in der Sie sich als besonders mutig erlebt haben – einen Augenblick oder eine Zeit, als Ihr Mut in Bestform war:

Beschreiben Sie etwas aus Ihrem gegenwärtigen Leben, das (wie Sie im Innersten wissen) besser laufen könnte, wenn Sie mehr Mut einsetzen würden. Sie verfügen über diesen Mut, wie Sie in Ihrem Beispiel eben erst geschildert haben. Wie könnten Sie in der jetzigen Situation wieder zu diesem Mut finden?

Tu genau das, wovor du dich fürchtest,
und das Ende der Furcht ist gewiss.

Ralph Waldo Emerson

Kapitel

6

Echtheit

Die vier Grundfesten unserer Gesellschaft – Religion, Bildung, Politik und Wirtschaft – haben in jüngster Zeit einiges an Erschütterungen erlebt: Käuflichkeit, zweifelhafte Moral, Heuchelei. Erschütterungen dieser Art haben inzwischen auch die Wirtschaft der USA erreicht, die – in den Augen der meisten Amerikaner – lange Zeit als Hort der Zuverlässigkeit und Integrität gegolten hatte. Wer hätte gedacht, das Spitzenmanager großer Konzerne sich dazu herablassen könnten, in einem solchen Ausmaß Bilanzen zu fälschen und sich zu bereichern; oder dass angesehene Spezialisten zu Anlagestrategien raten würden, die keinem anderen Zweck dienten, als ihnen selbst die private Kunstsammlung zu finanzieren; oder dass die Justiz Firmenbosse des Betrugs überführen und hinter Gitter bringen würde!

> Die Nebel der Täuschung und Verdrehung zu durchdringen und die Wahrheit über die Welt in Erfahrung zu bringen und sich dann zu organisieren und etwas zur Veränderung zu unternehmen – das ist der erste Schritt. Er war nie unmöglich und war nie einfach.
>
> *Noam Chomsky*

Arthur Andersen oder Die Abkehr von den eigenen Werten

Der bislang höchste Pegelstand des Trennungsdenkens im Wirtschaftsleben ist in den USA mit den Skandalen um Enron, Arthur Andersen, WorldCom und andere erreicht worden, in Deutschland mit den Affären bei VW, Siemens und BenQ. In den USA werden jetzt sogar die Geschäftspraktiken der angesehensten Großunternehmen durchleuchtet. Kontrollbehörden wollen wissen, ob diese Firmen ihre Bilanzen mit legitimen Mitteln erreicht haben oder ob nachgeholfen wurde, etwa mit unangemeldeten Aktienrückkäufen, mit Entnahmen aus Pensionsrücklagen oder mit unsauberen Insolvenzen bei Tochterunternehmen. Die Öffentlichkeit macht sich Sorgen um den Gesundheitszustand von Unternehmen, die wir einst für die Stützen der Wirtschaft und der Gesellschaft gehalten haben und deren Aktien wir unseren Müttern blind empfohlen hätten.

Nehmen wir General Motors und die zunehmenden Liquiditätsprobleme bei diesem Konzern. In den USA arbeiten nur noch 160.000 Beschäftigte bei „GM"; ihnen stehen mehr als eine Million Pensionäre samt Angehörigen gegenüber, die auf die Rentenzahlungen des Unternehmens angewiesen sind. Allein die Gesundheitskosten belaufen sich auf sechs Milliarden Dollar pro Jahr; das ist mehr, als der Autobauer jährlich für Stahl ausgibt. Diese Gesundheitsausgaben belasten heute schon den Preis jedes verkauften Pkw oder Lkw mit 1.500 Dollar, und diese Summe wächst um mindestens zehn Prozent im Jahr. Das kann auf Dauer unmöglich funktionieren, und die Firma kann ihr Verlustgeschäft allenfalls noch mit schmerzhaften Einschnitten beim Personalstand und mit gewerkschaftlichem Entgegenkommen ausgleichen.

Die Zitterpartie ist bei GM vermutlich nicht schlimmer als bei vielen anderen US-Unternehmen, aber das ist ein schwacher Trost, der höchstens zeigt, wie groß die Risiken geworden sind und wie dringend Transparenz und Authentizität in der Arbeitswelt geworden sind. GM wird einiges an Mut brauchen, um wieder echte und tragfähige Beziehungen zu heutigen und ehemaligen Mitarbeitern aufzubauen und so die Grundlage für Lösungen zu schaffen, die beiden Seiten gerecht werden. Anderenfalls droht der größte Bankrott eines Industrieunternehmens, den es je gegeben hat.

Wie ist es so weit gekommen? Der Leistungsdruck hat offenbar die Integrität und Klugheit in manchen Unternehmen so weit untergraben, dass man es an Echtheit und Prinzipientreue fehlen ließ und so die eigene Zukunft aufs Spiel gesetzt hat.

Arthur Andersen war die Wirtschaftsprüfungsfirma von Manpower Limited zu der Zeit, als ich diese Aktiengesellschaft leitete. Eines Tages wurde ich aufgefordert, eine ebenso hohe wie heikle Summe an Regierungen im Nahen Osten zu zahlen und über die Details des Geldtransfers zu verhandeln; so läuft das dort, wenn man Geschäfte machen will.

Doch die Berater bei Arthur Andersen rieten mir davon ab. „Das ist ungesetzlich", gaben sie mir zu verstehen. „Die gewünschte Form der Abwicklung verstößt gegen geltendes Recht. Das betrifft insbesondere die US-Gesetze gegen Korruption im Außenhandel."

So bekamen wir von dort einen wertvollen Hinweis, der unserem Gewissen auf die Sprünge half.

Aber Arthur Andersen existiert nicht mehr in der damaligen Form. Das Unternehmen scheiterte, weil es von seinen eigenen Normen abwich. Im Oktober 2001 kam der texanische Energiekonzern Enron, Andersens größter Kunde, vor einen staatlichen Untersuchungsausschuss, weil er massive Buchhaltungsbetrügereien hatte zugeben müssen. Andersens Anwälte forderten Angestellte mit großer Dringlichkeit auf, Spuren zu verwischen. Im Laufe der folgenden vier Wochen kam es bei Andersen zu einer „Aktenvernichtung in nie da gewesenem Umfang", wie es in einem Untersuchungsbericht hieß. Zwei Tonnen Papier fielen der Aktion zum Opfer, die erst auf Strafandrohungen hin eingestellt wurde.[10]

Das Justizministerium warf Andersen vor, das Unternehmen habe seine Verstrickung in die Betrügereien durch die Aktionen bei Enron verschleiern wollen. Andersen antwortete, man habe nur routinemäßig Notizen und Aktenentwürfe aussortiert. Ein Gericht in Houston sah das anders und sprach Andersen der Behinderung gerichtlicher Ermittlungen schuldig. Dafür wurde die Höchststrafe von 500.000 Dollar verhängt und eine Bewährungszeit von fünf Jahren festgesetzt.

> Die aufreibendste Sache der Welt ist Unaufrichtigkeit.
> *Anne Morrow Lindbergh*

10 *Siehe Jan Crawford Greenburg in* Chicago Tribune, *1. Juni 2005.*

Unter der Last der Anklage und des Schuldspruchs brach Andersen zusammen und verringerte seinen Personalstand in den Vereinigten Staaten von 28.000 auf 200 Beschäftigte, die sich größtenteils nur noch um Rechtsstreitigkeiten mit Aktionären zu kümmern hatten. Das Urteil aus Houston wurde zwar später vom Supreme Court aufgehoben, aber der Schaden war nicht wieder gutzumachen.

Denn Arthur Andersen hatte einen Kunden schlecht beraten und schließlich alles Vertrauen verloren. Es bestand ein Missverhältnis zwischen Worten und Taten. Wenn ein Wirtschaftsprüfer – oder irgendein anderer Kaufmann – nicht das Vertrauen seiner Kunden besitzt, kann er nicht lange überleben. Arthur Andersen brachen reihenweise die Kunden weg, weil sie nicht mehr an die Echtheit des Unternehmens glaubten. Die Einbußen waren so drastisch, dass Anderson förmlich implodierte.

Arthur Andersen geriet an den Abgrund, weil die geschäftsführenden Gesellschafter habgierig und unecht geworden waren. Und warum wurden sie das? Weil sie glaubten, sie existierten getrennt von ihren Kunden und vom Gemeinwesen, anstatt zu erkennen, dass alle eins sind.

Deshalb ließ Andersen sich auf die von Enron ausgehende Unechtheit ein – was Jahre zuvor noch undenkbar gewesen wäre. An diesem Beispiel lässt sich gut verfolgen, wie die Dinge ins falsche Fahrwasser geraten. Bei Andersen gingen alle davon aus, dass sie den Großkunden Enron verlieren würden, wenn sie sich seinen Betrugsplänen widersetzt hätten. Das glaubten sie sich nicht leisten zu können; deshalb wichen sie von ihren Prinzipien ab, indem sie geschönte Rechnungsabschlüsse abzeichneten und belastende Unterlagen im Reißwolf vernichteten.

Neben solche Beispiele aus der Wirtschaft lassen sich andere stellen – etwa die Anklagen, die gegen Priester der katholischen Kirche wegen sexuellen Missbrauchs von Minderjährigen erhoben worden sind. Versagen in den Führungsriegen sehen wir auch im Schulsystem vieler Länder.

Und überall geschieht das Gleiche: Diejenigen, die wir als Hüter der Wahrheit angesehen haben, praktizieren selbst nicht das, was sie predigen. Das nennen wir unecht.

Warum Echtheit so wichtig ist

Wie wir im Kapitel 5 gesehen haben, ist Mut die Voraussetzung für das, was wir Echtheit oder Authentizität nennen – die Übereinstimmung von Wort und Tat. Wer keinen Mut hat, kann nicht echt sein. Wir müssen erst unseren Mut zurückerobern, dann können wir echt sein und in jeder Situation so auftreten, wie wir tatsächlich sind. Wir wissen um unsere Wahrheit, unsere Ängste, unsere Gefühle und unsere Empfindlichkeiten, wir können sie zeigen und, wo es angebracht ist, miteinander teilen. So werden wir echt, authentisch. Das also ist der nächste Schritt, den wir auf unserem Weg zurück zum Einssein ins Auge fassen müssen.

> Nichts fürchten wir mehr als die Herausforderung, uns selbst vollkommen anzunehmen.
> *Carl Gustav Jung*

Echte, authentische Menschen berühren und begeistern uns zutiefst. Liegt es da nicht auf der Hand, dass jeder nach diesen Tugenden streben sollte?

Eine ältere Dame und ihr kleiner Enkel mit seinem niedlichen Sommersprossengesicht verbrachten den Tag im Zoo. Sie standen in der Schlage vor einem Künstler, der die Gesichter der Kinder schminkte und mit Tigerpfoten verzierte.

Während sie dort warteten, sagte ein Mädchen zu den Enkel: „Du hast so viele Sommersprossen, wo soll man da noch etwas hinmalen?"

Traurig ließ der Kleine den Kopf hängen. Seine Großmutter kniete sich neben ihn und sagte: „Also, ich finde deine Sommersprossen hinreißend." Zärtlich fuhr sie ihm über die Wangen. „Als ich klein war, habe ich mir immer Sommersprossen gewünscht. Sommersprossen sind so schön."

Sein Blick hob sich. „Echt?", fragte er.

„Aber ja. Sag mir doch irgendetwas, was hübscher ist als Sommersprossen!"

Er dachte einen Moment nach, während sein Blick über ihr Gesicht wanderte. Dann flüsterte er: „Falten."

Sehen Sie, wie leicht der Funke der Inspiration überspringen kann?

Echt sein: Wenn Denken, Sprechen, Fühlen und Handeln eins sind

Wenn wir einen Menschen sehen, der Mitgefühl, Liebe und Wohlwollen ausstrahlt, fällt es uns leicht, auch unsererseits offen zu sein, und wir bewundern den Mut und die Echtheit dieses Menschen. So sieht die Praxis des bewussten Führens aus. Wir sehnen uns zutiefst nach dem Echten, und wo wir es antreffen, wächst die Bereitschaft zu lieben. Wenn wir diese Echtheit verwirklicht haben, können wir lebensfähige Beziehungen aufbauen und in unserem Umfeld – in Familie und Freundeskreis, bei Kunden, Kollegen und Lieferanten – inspirierend wirken. Das verspricht auch einiges an Ertrag, wie unschwer zu erkennen ist.

Was also ist diese Echtheit, die inspiriert und die Seele nährt?

Echt oder authentisch zu sein heißt, dass Geist, Mund, Herz und Hand eins sind. Was wir denken, sagen, fühlen und tun, liegt genau auf einer Linie. Wie wir seit Machiavelli gelernt haben, bleiben wir unecht, solange wir trennen, solange wir also davon ausgehen, dass unser Denken, Sprechen, Fühlen und Tun voneinander abweichen können.

Echt zu sein verlangt manchmal auch die Bereitschaft, nicht ganz so gut dazustehen und Schwächen oder Unzulänglichkeiten zu zeigen.

Eine Mutter kam mit ihrem Sohn zu Mahatma Gandhi, dem weisen Wegbereiter der indischen Unabhängigkeit, und klagte, der Junge esse zuviel Zucker; ob Gandhi ihm nicht ins Gewissen reden könne. Sie habe es selbst erfolglos versucht und verspreche sich von Gandhis Worten mehr Wirkung. Der Mahatma („große Seele") bat die Mutter, sie möge mit dem Sohn in einer Woche wiederkommen.

> Glück besteht darin, dass zwischen dem, was du denkst, was du sagst und was du tust, Einklang herrscht.
>
> *Mohandas „Mahatma" Gandhi*

Als die beiden wieder erschienen, forderte Gandhi den Jungen auf, keine Süßigkeiten mehr zu essen, und der erklärte sich einverstanden. Die Mutter fragte staunend: „Warum haben Sie das nicht schon letzte Woche zu meinem Sohn gesagt?"

Gandhi erwiderte: „Vor einer Woche habe ich selbst noch Zucker zu mir genommen."

Echtheit ist also die Übereinstimmung unserer Worte mit dem, was wir tun. Das ist in allen Bereichen des Lebens unerlässlich, in Führungspositionen ebenso wie in unserer Rolle als Eltern, Kinder, Freunde oder Ehepartner. Echtheit fördert oder heilt jede Beziehung und erlaubt uns das zu erleben, wonach wir uns sehnen: Einssein.

Die Wildwasser-Regel

Zu meinen Leidenschaften gehören auch das Wildwasserfahren mit Kanu oder Kajak und das Rafting. Ich finde kaum etwas anderes so erfrischend wie dieses Einssein mit den Kräften der Natur in den Stromschnellen.

Wenn Sie richtigen Wildwasserfreaks zusehen, vor allem denen, die wirklich gut sind, werden Sie bemerken, dass sie niemals mit dem Wasser kämpfen. Neulinge lernen ziemlich schnell, dass man nichts erreicht, wenn man gegen diese Kräfte ankämpft – Stromschnellen sind den Kräften des Menschen mühelos überlegen. Es ist auch gar nicht nötig, den Fluss zu „beherrschen". Wildwasserfahrer lernen vielmehr, das Wasser zu verstehen, seine Wahrheit zu erkennen und seine Kräfte richtig einzuschätzen. Dann fahren sie einfach mit der Kraft des Wassers und lassen sich von seinen Muskeln tragen, ohne Risiken einzugehen. Oder sie lassen sich in die kurzen Abschnitte von Gegenströmung hinter großen Felsen treiben, wo das Boot mit dem Bug bergauf zum Stillstand kommt. Man nennt das „Surfen"; das Wasser strömt an solchen Stellen ganz ruhig in Gegenrichtung. Man kann dort ausruhen, während beiderseits wild bewegte Wassermassen vorbeitosen.

Deshalb spreche ich überall da, wo es gilt, *mit* der Energie zu gehen, von der „Wildwasser-Regel".

Denn ich sehe darin eine hervorragende Metapher des Lebens. Für viele von uns ist das Leben wie eine permanente Wildwasserfahrt. Wir können das Unmögliche versuchen und uns gegen die Energie stemmen, oder wir nutzen sie geschickt und lassen uns von ihr tragen. Mit der Energie zu gehen, verlangt viel weniger Krafteinsatz und nutzt die gewaltigen Kräfte, die in die Richtung ziehen, in die wir ohnehin wollen.

Auch mit der Echtheit ist es wie mit dem Wildwasser: Sieh dir genau an, was in deinem Inneren die eigentliche, ursprüngliche Kraft ist, und wenn du sie erkannt hast, dann lass dich von ihr tragen. Wenn du dich gegen sie stemmst, steht dir ein Hindernislauf bevor, und die Macht des Lebens wird dich aus der Bahn und in die Strudel werfen.

Die Regel im Leben lautet also: folge der Energie. So können wir authentisch werden.

Auf der ganzen Welt gibt es nichts Weicheres und Schwächeres als das Wasser.

Und doch, in der Art, wie es dem Harten zusetzt, kommt nichts ihm gleich.

Es kann durch nichts verändert werden.

Dass Schwaches das Starke besiegt und Weiches das Harte besiegt,
weiß jedermann auf Erden, aber niemand handelt danach.

Laotse

Ein Herz, das liebt, ist auch echt

Eine Freundin von mir hat Mutter Teresa gut gekannt. Sie sagt, jeder in Mutter Teresas Umgebung habe stets gewusst, woran man bei ihr war. Sie zeigte sich nie anders, als sie war. So lebte sie, gab freimütig und ließ die Welt an ihrer Energie teilhaben. Was sie tat und sagte, entsprang immer unmittelbar ihrer Echtheit.

Einmal besuchte sie einen älteren Aboriginal, der in bitterer Armut und Not in einem australischen Reservat lebte. Er besaß keine Freunde, bekam nie Besuch, seine Unterkunft befand sich in einem erbärmlichen Zustand.

„Ich würde gern dein Haus saubermachen, deine Wäsche waschen und dein Bett machen“, sagte Mutter Teresa. – „Lass nur“, erwiderte er, „es reicht mir so, wie es ist.“ – „Ich glaube schon, dass du dich wohler fühlen wirst, wenn du es mich machen lässt“, sagte sie.

Schließlich gab er nach. Beim Putzen und Waschen stieß Mutter Teresa auf eine wunderschöne Lampe, die dick mit Staub bedeckt war. Sie konnte schon Jahre nicht mehr gebrannt haben.

„Zündest du deine Lampe nicht an?", fragte sie. „Benutzt du sie überhaupt nicht?"

„Nein. Es kommt ja doch keiner. Was brauche ich da Licht? Für wen?"

Sie fragte ihn, ob er die Lampe anzünden würde, wenn eine Schwester ihres Ordens jeden Abend bei ihm vorbeischauen würde."

„Selbstverständlich", sagte er.

Zwei Jahre später kam in Mutter Teresas Hauptquartier in Indien ein Brief des alten Mannes an. Darin schrieb er: „Sagt meiner Freundin: Das Licht leuchtet noch, das sie in meinem Leben angezündet hat."

Inspiration kommt aus einem liebevollen Herzen. Die Authentizität Mutter Teresas entsprang einem klaren Gefühl dafür, was sie in ihrem Leben auszurichten hatte. Sie wusste, wozu sie auf dieser Erde war, wofür sie einstand und was sie erreichen wollte – sie wusste um ihre Bestimmung, ihre Aufgabe und ihre Berufung.[11]

Wir alle hoffen, dass wir uns auf Andere verlassen können – dass sie sich nicht verstellen und keine Spielchen mit uns treiben, dass sie nicht dieses sagen und in Wirklichkeit jenes denken oder tun werden. Wir haben Verständnis, wenn jemand vor Konflikten steht, nicht klar sieht oder vielleicht noch gar nicht so weit ist, dass er sich entscheiden kann – aber wir hoffen, dass er wenigstens darin echt ist und seine Unklarheit nicht überspielt.

Echt sein heißt nicht, dass es keine Situationen mehr geben darf, in denen Herz und Verstand uneins sind. Wenn ich klar und deutlich weiß und auch zeige, wie mir

> Sag nicht „Hallo", wenn du „Tschüs" meinst.
>
> Sag nicht „Ich will", solange du nicht bereit bist, es wenigstens zu versuchen.
>
> Sag nicht: „Ich werde", wenn du nicht wirklich vorhast anzufangen.
>
> Und nimm meine Hand nicht, wenn du schon weißt, dass du mir das Herz brechen wirst.
>
> *Anonym*

11 *Näheres zu diesen drei Begriffen finden Sie ausführlich in meinem Buch* Inspirieren statt motivieren *(J. Kamphausen, 2006).*

eben jetzt zu Mute ist, kann ich authentisch bleiben, selbst wenn meine Gefühle zwiespältig sind. Ich sage dann: „Ich weiß noch nicht, welchen Standpunkt ich in dieser Sache einnehme, meine Gedanken und meine Gefühle stimmen nicht überein. Aber wenn ich so weit bin, dass ich sagen kann, was ich tun werde, dann könnt ihr euch darauf verlassen, dass ich es tatsächlich tue.“ So äußert sich jemand, der sich für die Prinzipien des Einsseins und folglich für Echtheit entschieden hat.

Auch bedeutet echt sein nicht, dass getroffene Entscheidungen nicht mehr revidiert werden dürfen. Im Gegenteil: Jeder hat das Recht dazu. Wir hören, lernen, wachsen und entwickeln uns; das kann und sollte dazu führen, dass wir manches im Laufe der Zeit anders sehen. Echt bleiben bedeutet dann, dass wir anderen den Lernprozess deutlich machen, durch den wir unsere Meinung jetzt geändert haben.

Aus Echtheit wächst Vertrauen

Leider gibt es Menschen in Führungspositionen, die das Prinzip der Echtheit bewusst verletzen, und das wird ihnen von Mitarbeitern, die ihnen unterstellt sind, ganz besonders übel genommen. Wenn ich sage: „Ich werde bei der nächsten Vorstandssitzung für dies und jenes stimmen“, dann aber, wenn es so weit ist, ein anderes Votum abgebe, bin ich unecht: Zwischen Worten und Taten besteht eine Kluft. Leider ist gerade dieses Verhalten im heutigen Wirtschaftsleben auf allen Ebenen verbreitet. Wenn aber die Gedanken, Worte, Gefühle und Taten jener Menschen, auf die wir uns verlassen müssen, nicht zusammenpassen, verlieren wir das Vertrauen und fragen uns: „Warum soll ich dir glauben oder dir überhaupt noch zuhören?“ Erst geht die Echtheit verloren, dann das Vertrauen.

Dabei würden wir so gern vertrauen. Was sind Freundschaften, Ehen, Familien, Kundenbeziehungen, Teams oder internationale Beziehungen ohne Vertrauen? Vertrauen aber setzt Beständigkeit voraus. Wir vertrauen Menschen, an denen wir über längere Zeit eine Übereinstimmung von Denken, Sprechen, Fühlen und Handeln beobachtet haben. Echtheit heute, morgen und übermorgen, das ist die Basis vertrauensvoller Beziehungen.

Wenn wir diese Ideale formulieren, sollten wir nicht vergessen, dass wir dabei im Glashaus sitzen. Mut – das haben wir gesehen – kann nicht darin bestehen, dass man Andere zum Mutigsein auffordert. Mutig kann jeder nur selbst sein. Genau so ist es auch bei den anderen CASTLE-Prinzipien.

Auch Echtsein als das Bemühen, unsere Gedanken, Worte, Gefühle und Taten zur Übereinstimmung zu bringen, ist eine sehr persönliche Angelegenheit. Es hat viel mehr mit *mir* zu tun – wie ich lebe, wie ich mich verhalte – als mit meinem Wunsch, andere zu sinnvollerem Verhalten zu bewegen. Entscheidend ist, ob *ich* bereit bin, nicht ob *sie* sich bewegen. Es geht darum, wie jeder selbst zu seinen Wertvorstellungen steht und sie lebt.

Niemand hat dabei Grund, sich aufs hohe Ross zu setzen. Denn unechtes Verhalten kann die alltäglichsten Formen annehmen. Im Mai 2004 zum Beispiel wurden 38.000 Kopien des Films *Die Passion Christi* illegal im Internet heruntergeladen. Die Zeitschrift *Business Week* sah sich zu der Bemerkung bemüßigt: „So viel zum Thema ‚Du sollst nicht stehlen.'"[12]

Wer echt ist, muss nichts schönreden

In unseren Buchhandlungen türmen sich die Wälzer über Führungsstrategien, die von aktiven oder ehemaligen Spitzenmanagern geschrieben wurden. Meist handelt es sich um absichtsvoll rekonstruierte, auf Hochglanz polierte Berichte von Heldentaten im Finanz- oder Marketingbereich. Da wird munter das Garn persönlicher Triumphe und Glanzleistungen gesponnen, aber der Leser spürt oft das Unechte. Diese Geschichten sind vielfach stärker retuschiert als die Fotos alternder Schauspielerinnen. Unsicherheiten, Fehlkalkulationen – dergleichen kommt hier kaum vor. Und dass so mancher dieser leitenden Herren seinen Ruhm dem Umstand verdankt, dass Jahr für Jahr die leistungsschwächsten Mitarbeiter einfach vor die Tür gesetzt wurden, wird allenfalls am Rande erwähnt.

12 Business Week, *28. Juni 2004, S. 14.*

Viel mehr können wir von Menschen lernen, die in ihrer Echtheit leben, mit allen Ecken und Kanten, die jeder Mensch hat. Das suchen wir ja alle: Menschen, die echte, menschliche Führungskompetenz besitzen, die uns den ganzen Weg ausleuchten und neues Vertrauen schaffen, wo wir Wirtschaft und Kirche, Familie und Staat bereits abgeschrieben haben. Solche Menschen geben uns das Gefühl des Einsseins zurück, weil sie sagen, was sie denken und fühlen, und weil sie tun, was sie sagen.

> Wenn Egomanie bedeutet, dass ich an das glaube, was ich tue, an meine Kunst, an meine Musik, dann dürft ihr mich ruhig einen Egomanen nennen. Ich glaube an das, was ich tue, und das sage ich auch.
> *John Lennon*

Kunden belohnen das Authentische

Wer – umgekehrt betrachtet – in der heutigen Zeit des allgemeinen Vertrauensverlustes Menschen begeistern will, braucht ein neues Maß an Transparenz und Echtheit. Denn er muss zunächst Vertrauen zurück gewinnen. Das kann in manchen Fällen lange dauern und viel Einsatz verlangen.

Nach der 1989 bei der Havarie der *Exxon Valdez* ausgelösten Ölkatastrophe haben viele Verbraucher die Produkte des Exxon/Esso-Konzern boykottiert, und viele tun es bis heute, weil Exxon sich nach wie vor weigert, die gerichtlich festgesetzten Entschädigungen zu zahlen. Manch einer wird Exxon auch nach 20 Jahren noch nicht verziehen haben. Damit muss man rechnen: Auch das ist letztlich die Folge jener Einheit, die uns alle auf vielfältigste Art verbindet. Wenn die Moral oder das Finanzgebaren einer Firma erkennbar inakzeptabel wird, werden ihre Produkte nicht mehr im gleichen Umfang gekauft. Und wenn Millionen von Menschen so denken, kann ein Unternehmen durchaus ins Schleudern geraten.

Auch das Gegenteil trifft zu. Viele kaufen heute sehr gezielt die Produkte und Dienstleistungen von Anbietern, deren Ethos deutlich erkennbar und authentisch ist. So nehmen manche Reisende sogar Umwege in Kauf, um mit Southwest Airlines fliegen zu können, weil sie spüren, dass das ein authentisches Unternehmen ist. Diese Menschen haben vielleicht keine Ahnung von der technischen Ausstattung der Maschinen, der Luftüberwachung oder den Details der Gepäckbeförderung; aber sie wissen zum Beispiel, dass bei Southwest 800 Ehepaare arbeiten und dass die Interessen der Mitarbeiter über alles gestellt werden, sogar über die der Kunden und Anteilseigner. Durch den Teamgeist bei Southwest sind die Betriebskosten – und folglich viele Preise – niedriger als bei den meisten anderen Fluglinien. Nicht zuletzt daran können die Kunden erkennen, dass die nach außen vermittelte Unternehmenskultur echt und nicht nur vorgetäuscht ist.

Die in Rochester ansässige Supermarktkette Wegmans wurde in der Rangliste des Magazins *Fortune* zum besten Arbeitgeber der USA gekürt. Als der Firmengründer und Aufsichtsratvorsitzende Robert Wegman gefragt wurde, weshalb er seine Angestellten so großzügig mit Zusatzleistungen bedenkt, gab er eine Antwort, die das Einssein als Selbstverständlichkeit voraussetzt: „Ich war doch früher in der gleichen Lage wie sie." Bei Wegmans – wie bei Southwest Airlines, Starbucks, FedEx und anderen vorbildlichen Unternehmen – zählen die Beschäftigten so viel wie die Kunden, und das entspricht so gar nicht dem immer noch üblichen Trennungsdenken, nach dem der Kunde König sein soll.

Wegmans Grundsatz lautet: Handle authentisch und mit tiefer Achtung für deine Leute, und du wirst dich als *die* Supermarktkette profilieren, bei der man arbeiten und einkaufen möchte. Bei Wegmans liegen die Umsätze pro Quadratmeter Ladenfläche um die Hälfte höher als im Branchendurchschnitt, die Mitarbeiterfluktuation liegt bei sechs statt bei 19 Prozent. Und jedes Jahr gehen 7.000 Briefe von Verbrauchern ein, die sich eine Filiale in ihrer Nähe wünschen.

Wegmans hat in den vergangenen 20 Jahren Ausbildungsbeihilfen von insgesamt 54 Millionen Dollar an 17.500 Voll- und Teilzeitbeschäftigte vergeben. Dazu sagt Robert Wegman schlicht: „Ich habe nie mehr verschenkt, als ich zurückbekommen habe."

Das ist durch und durch echtes Engagement für die Belegschaft. Wie gern Arbeiter und Angestellte bei solchen Firmen arbeitet, sehen wir auch an Southwest Airlines. Dort stehen den 5.000 Stellen, die jährlich zu besetzen sind, 150.000 Bewerbungen gegenüber.

Man arbeitet bei solchen Firmen gern, und man kauft auch gern ihre Produkte. Zum Beispiel im Body Shop, der ebenfalls den Ruf der Geradlinigkeit und Echtheit besitzt. Wer hier sein Badeöl oder Lippenbalsam kauft, hat nicht nur die Produkte im Blick, sondern zugleich den Umstand, dass dieses Unternehmen für Gerechtigkeit, fairen Handel und Umweltbewusstsein steht. Besonders deutlich wird das an der Unterstützung für Amnesty International und für die Ureinwohner Südamerikas. Der Body Shop ist dafür bekannt, dass das Unternehmen seinem Kurs ohne Zugeständnisse oder Rechtfertigungen folgt, was etwa daran zu erkennen ist, dass man ohne Zwischenhandel direkt bei den Erzeugern vor Ort einkauft und sie ordentlich bezahlt. Der Body Shop macht fast keine Werbung und vertraut darauf, dass der Ruf der Echtheit sich als überzeugendes Markenzeichen herumspricht – was offensichtlich auch geschieht.

Unternehmen, in denen Echtheit praktiziert wird, sind sehr offen in ihren Verlautbarungen, leben gleichsam in transparenter Partnerschaft mit der Öffentlichkeit. Feedback ist ausdrücklich erwünscht. Bei Starbucks zum Beispiel gibt es sechs „Leitprinzipien“, an denen alle Entscheidungen zu messen sind – und die ungeschminkte Echtheit widerspiegeln. Sie lauten:

1. Sorgt für ein gutes Arbeitsumfeld und behandelt einander so, dass Achtung und Würde gewahrt sind.
2. Bejaht die Vielfalt als wesentlichen Bestandteil unseres Geschäftsmodells.
3. Setzt höchste Maßstäbe bei Einkauf, Röstung und Lieferfrische unserer Kaffees.
4. Sorgt dafür, dass eure Kunden jederzeit nicht nur zufrieden, sondern begeistert sind.
5. Setzt positive Zeichen für unser Gemeinwesen und für unsere Umwelt.
6. Macht euch bewusst, dass profitables Arbeiten für unseren weiteren Erfolg entscheidend ist.

Hier finden wir Echtheit in Gestalt einer Kombination von Realitätssinn (Profit und hohe Standards) und dem Prinzip des Einsseins (Engagement für Achtung, Würde, Vielfalt, Begeisterung, Zufriedenheit, Gemeinwesen und Umwelt). Offenheit und die Ausrichtung auf Mensch und Umwelt sprechen die Verbraucher an – viel stärker, als die meisten Marketingexperten sich das eingestehen. Es gibt Fallstudien über Starbucks, die kein Geheimnis sind; dennoch wird das „Geheimnis" des Erfolgs im Falle Starbucks meist im geschickten Marketing gesehen, selten im echten Interesse an einer Unternehmenskultur, die auch die Seele anspricht. So etwas empfinden viele „Experten" als bloße Gefühlsduselei – dabei sehnen die Menschen sich gerade nach dieser Echtheit und sind bereit, für die Produkte solcher Firmen faire Preise zu bezahlen. Colleen Barrett, Vorstandsvorsitzende bei Southwest Airways, formuliert es so: „Unseren Businessplan können andere kopieren, unsere Mitarbeiter aber nicht."

Echtheit an der Wall Street

2004 verkaufte Time Warner seine Musiksparte Warner Music, den drittgrößten Musikkonzern der USA, an Edgar Bronfman und ein von Thomas H. Lee Partners geführtes Konsortium privater Kapitalbeteiligungsgesellschaften. Anfang 2005 begannen die neuen Eigentümer, den Börsengang von Warner Music vorzubereiten. Sie verhandelten mit mehreren großen Wall-Street-Unternehmen, die den Börsengang in die Wege leiten sollten, und wählten zwei Investmentbanken als Konsortialführer. Eine von ihnen war Merrill Lynch. Das lag unter anderem deshalb im Interesse von Warner Music, weil die Top-Medienanalystin bei Merrill Lynch, Jessica Reif Cohen, als eine der mächtigsten Frauen der Branche gilt. Ihre Empfehlungen, so hoffte man, würden bei den Investoren großes Gewicht haben.

Merrill Lynch hatte den Auftrag erhalten, nachdem die Bank angekündigt hatte, sie werde Warner-Music-Aktien zu einem Stückpreis um 30 Dollar an den Mann bringen können.

Als nächsten Schritt lud Warner Music Jessica Reif Cohen und die Analysten der übrigen Konsortialbanken zu einem Briefing in die Hauptverwaltung des Konzerns im New Yorker Rockefeller Center ein. Power-Point-Präsentationen wurden gezeigt, viele Zahlen genannt und Vorträge über die Mitbewerber und den expandierenden Markt der digitalen Musik gehalten. Danach nahm Jessica Reif Cohen sich zwei Wochen Zeit für ihren Bericht. Ihr Urteil lautete, der von Warner Music und den Banken ins Auge gefasste Ausgabepreis von 25 bis 30 Dollar sei unrealistisch; ein marktgerechter Preis müsse bei 17 Dollar liegen.

Diese Bewertung sei „wie eine Bombe eingeschlagen", sagt ein Banker bei Merrill Lynch. „Was sollten wir tun?", fragt er. Mit einer Prognose von 30 Dollar hatte sein Unternehmen den Auftrag erhalten. „Sollten wir uns und dem Kunden jetzt eingestehen, dass wir uns so sehr geirrt hatten? Oder sollten wir so tun, als sei Jessicas Analyse fehlerhaft und zu pessimistisch?"

Man muss dazu wissen, dass es zwei Jahre zuvor Zivilklagen gegen zehn der größten Firmen an der Wall Street gegeben hatte, denen unterstellt wurde, Interessenkonflikte zu Ungunsten von Investoren gelöst zu haben. Es kam zu einem Vergleich im Wert von 1,4 Milliarden Dollar, in dessen Gefolge neue Verfahren zur Wertbemessung vor Börsengängen festgelegt wurden, die auch die fachliche Unabhängigkeit angestellter Analysten gegenüber ihren Arbeitgebern stärken.

Ganz im Sinne dieser neuen Regeln entschied Merrill Lynch sich für Echtheit und stieg aus dem Zeichnungsverfahren bei Warner Music aus, obwohl man dadurch einen prestigeträchtigen Kunden verlor und auf etliche Millionen Dollar an Provisionen verzichten musste. Dieser Rückzug war nicht nur wie ein Signal für die gesamte Wall Street; er erwies sich auch als richtig. Denn der schließlich erzielte Aktienkurs für Warner Music lag bei 17 Dollar – wie Jessica Reif Cohen vorausgesagt hatte – und bewertete den Musikkonzern um eine Milliarde Dollar niedriger, als ursprünglich erhofft. Merrill Lynch hatte also vielen Investoren eine Enttäuschung erspart.

Würden sie gern mit einer Bank zusammenarbeiten, die das Votum ihrer Analysten ignoriert, um im Aktienhandel mehr Provision einstreichen zu können – oder lieber mit einer Bank, die im Interesse ihrer Kunden auf die Linie der Vernunft einschwenkt und mit diesem Bekenntnis ihrem guten Ruf alle Ehre macht?

Solche Authentizität kann kurzfristig kostspielig sein, bringt aber auf Dauer enormen Nutzen.

Diese Entwicklung, die viele noch nicht zur Kenntnis genommen haben, ist ein ermutigendes Zeichen für eine Wandlung zum Besseren. Echtheit war an der Wall Street bislang nicht der Renner, aber wenn weitere Beispiele dieser Art folgen, könnte das Vertrauen der Investoren künftig wieder größer werden. Sollten saubere Geschäftspraktiken an der Wall Street einkehren, dann sicher wegen der unerschrockenen und zupackenden Art, mit der sich Einzelne wie Jessica Reif Cohen und ihre Vorgesetzten zu einer Integrität bekannt haben, die nicht käuflich ist. Die Einsicht wird sich durchsetzen, dass Emissionshäuser, Kunden, Banken, Aufsichtsbehörden und Aktiengesellschaften *eins* sind – ein durchgängig vernetzter Markt, auf dem Echtheit und Integrität die wahre und am Ende auch die härteste Währung sind.

So gewinnen Sie Ihre Echtheit zurück

Ein paar einfache Fragen und Überlegungen können Ihnen helfen, zu neuer Authentizität zurückzufinden und so auf dem Weg zum Einssein den zweiten großen Schritt zu gehen:

- Fragen Sie sich: „Stimmt das, was ich gerade denke oder sage?" Im Geschäfts- wie im Privatleben vermengen sich oft Fakten und Spekulationen, und heraus kommt etwas, was manchmal nicht stimmt, weil wir nicht wirklich echt waren und uns etwas zurechtgelegt haben, was gar nicht unseren tieferen Überzeugungen und Wertvorstellungen entspricht. Horchen Sie in sich hinein. Projizieren Sie vielleicht Ihre Annahmen und Überzeugungen auf Menschen und Umstände?
- Hören Sie auf Ihre innere Stimme? Echt sein bedeutet, dass Sie wahrnehmen, was Ihr Gewissen sagt, und danach handeln, auch wenn Stimmen in Ihrer Umgebung andere Ratschläge geben. Echt zu werden ist unabdingbar, wenn wir aufhören wollen, unser wahres Einssein für Anerkennung zu verkaufen. Nur so finden wir zu unserer eigenen Ganzheit und zum Einssein mit anderen.

- Können Sie Ihre persönlichen Filter und Schutzschilde weglassen, um wirklich zuzuhören?
- Haben Sie sich bei Kopf, Mund, Herz und Füßen vergewissert mit der Frage: „Liegt das, was ich denke, sage, fühle und tue auf einer Linie?“
- Bringen Sie den Mut auf, der zum Echtsein erforderlich ist? *Tun* Sie wirklich das, was gemäß Ihrer inneren Ausrichtung für Sie stimmt, sodass Sie zu Ihrer Einheit zurückfinden?
- Stehen Sie in dem Ruf, authentisch zu sein?

Unterm Strich

Warum brauchen wir Echtheit?

Weil innere Stimmigkeit – inneres Einssein – im spirituellen, seelischen und körperlichen Sinne heilsam wirkt, Beziehungen aufbaut und dazu führt, dass wir auch mit anderen eins werden können.

Arbeitsblatt
Gedanken, die authentisch machen

Schildern Sie einen Moment großer Echtheit in Ihrem Leben, in dem Sie so authentisch waren, wie Sie nur sein können:

Beschreiben Sie etwas aus Ihrem gegenwärtigen Leben, das (wie Sie im Innersten wissen) besser laufen könnte, wenn Sie mehr Echtheit aufbrächten. Sie verfügen über diese Echtheit, wie Sie in Ihrem Beispiel eben erst geschildert haben. Wie könnten Sie in der jetzigen Situation wieder zu dieser Echtheit finden?

Und wenn wir uns jemals bessern wollen,
wäre jetzt der Zeitpunkt, damit anzufangen.

Alfred Lord Tennyson

CASTLE

Kapitel

7

Dienen

Dienen ist der Zweck unseres Lebens. Wir sind dazu geboren, die Welt zumindest ein bisschen besser zu machen, als wir sie vorgefunden haben. Unser Verhältnis zu dieser Welt wird dadurch bestimmt, wie gut wir dienen, und daran wird auch gemessen, was wir als Erbe hinterlassen. Wenn wir anderen dienen, werden wir eins mit ihnen.

> Erfolg liegt nicht in dem, was du für dich erreichst. Erfolg kann nur in dem liegen, was du für andere tust.
> *Danny Thomas*

Führungsverantwortung in Unternehmen – oder Familien oder Kirchen oder Regierungen – betrifft nicht nur „die da oben". Es muss vielmehr ein subtiles Zusammenspiel von Führenden und Geführten geben, und die Qualität dieses Zusammenspiels bestimmt den Erfolg des Ganzen. Die Qualität der Dynamik zwischen Vorgesetzten und Mitarbeitern, Eltern und Kindern, Geistlichen und Gemeindemitgliedern, Politikern und Wählern hängt wiederum davon ab, wie gut sie einander dienen und wie gut sie gemeinsam dem Gemeinwesen dienen – wie wichtig sie mit anderen Worten das Einssein des Ganzen nehmen.

Dienende Führung kennt kein Konkurrenzdenken

Konkurrenz ist das Gegenteil von Dienen.

Wie bei allen sechs CASTLE-Prinzipien ist der Begriff des Dienens leicht zu verstehen, aber schwierig umzusetzen. Dienen heißt, den Anderen zuzuhören und ihren Bedürfnissen liebevoll entgegenzukommen. Bewusste Führungskräfte neuen Stils wissen, dass es ihnen in erster Linie um die Bedürfnisse der Geführten gehen muss. Wozu sonst bräuchten wir Führungskräfte? Die Geführten – die Mitarbeiter – sind in diesem Sinne die „Kunden" des Führenden. Viele Menschen in leitenden Positionen können das aber schwer in die Praxis umzusetzen, weil sie noch dem alten Paradigma verhaftet sind, nach dem Angestellte dem „Boss" zu dienen haben.

Bewusst Führende sind also Dienende; sie wünschen sich ausdrücklich, dass die von ihnen Geführten sie wissen lassen, wie sie ihren Bedürfnissen am besten dienen können. Das ist nichts wesentlich anderes als der Umgang mit den Kunden am Markt, nur dass es sich hier um einen internen Markt handelt. Der Führende hört aufmerksam und mitfühlend zu, er nimmt Anteil, er coacht, er vermittelt seine Visionen und Intuitionen und unterstützt seine Mitarbeiter in jeder erdenklichen Weise, damit sie das volle Potenzial dessen entfalten können, was in ihnen steckt.

Menschen, die ohne Bewusstheit führen und dabei nur sich selbst und ihren persönlichen Ehrgeiz im Auge haben, neigen dagegen zu einem rücksichtslosen und aggressiven Konkurrenzverhalten, das die Untergebenen abstößt und zu Widerstand oder Rückzug bewegt.

Konkurrenz spielt in allen Bereichen unserer Gesellschaft eine Rolle, und das von Kindesbeinen an. In unzähligen Büchern können Eltern lesen, wie sie – angeblich – ihr Baby intelligenter machen können als andere, am besten schon vor der Geburt. Später wird Konkurrenzdenken unseren Kindern im Kindergarten und in der Grundschule eingeimpft.

Seine hässlichste Form nimmt das Konkurrenzdenken an, wenn es skrupellos wird und geradezu in Feindschaft ausartet. Mit dieser Form ist unsere Gesellschaft durchtränkt; sie ist eine gefährliche Sucht geworden. Bestimmte skrupellose, feindselige Sportarten huldigen diesem Denken. Ihr Ziel scheint immer darin zu liegen, den Gegner „fertig zu machen", was nicht selten in körperliche Gewalttätigkeit ausartet.

Wir führen unsere Kinder in einem Alter, in dem sie noch besonders empfänglich sind, an solche Sportarten heran und machen ihnen klar, worauf es ankommt: aufs Gewinnen. Der Wunsch der Eltern, ihr Kind als Sieger zu sehen, führt sogar zu heftigen Auseinandersetzungen untereinander oder mit Trainern. Die National Hockey League der USA (NHL) mit ihren ewigen aggressiven Streitereien zwischen der Spielervereinigung und den Eigentümern der Profi-Klubs hat in den unteren Altersklassen immer wieder mit der zunehmenden Gewaltbereitschaft von Eltern zu kämpfen. Kinder aber lernen ihr Verhalten, gutes wie schlechtes, von den Eltern.

Unser Dienen ist
die Miete, die wir
dafür bezahlen,
dass wir leben.
Es ist der eigentliche
Zweck dieses Lebens
und nicht das,
was man in seiner
Freizeit tut.
Marian Wright Edelman

Das alles ist weit entfernt von der olympischen Vorstellung des Sports, die einst ganz anders aussah. Ihr Ziel war es, persönliches Können und bestmögliche Leistung in Anmut, Schönheit und Ritterlichkeit zu erreichen. Dem Baron Pierre de Coubertin, der die Olympischen Spiele der Neuzeit (*Spiele*, nicht *Wettkämpfe*) ins Leben rief, schwebte ein internationales Festival von Sportsgeist und sportlicher Leistung vor, das der ganzen (!) Welt das Beste auf diesem Gebiet vor Augen führen und auf diese Weise Maßstäbe setzen sollte.

Wie sehr sich dieses ritterlich-gemeinschaftliche Ideal vom heutigen Ellenbogen-Sport unterscheidet, deutet auch das olympische Credo an, das de Coubertin nach einer Predigt verfasst hat, die Bischof Ethelbert Talbot aus Pennsylvania bei den Olympischen Spielen 1908 in London gehalten hatte. In diesem Credo, das meist verkürzt mit der Wendung „nicht siegen, dabei sein ist wichtig" wiedergegeben wird, heißt es unter anderem im kompletten Wortlaut:

> *Das Wichtigste an den Olympischen Spielen ist nicht das Siegen, sondern die Teilnahme, wie auch im Leben nicht der Triumph das Wichtigste ist, sondern das Ringen.*

Sogar die Olympische Flagge erinnert an das Prinzip des Einsseins. Pierre de Coubertin selbst entwarf 1914 die Flagge, die fünf ineinander verschlungene Ringe auf weißem Grund zeigt. Die

Ringe symbolisieren die fünf Kontinente, und ihr Ineinandergreifen steht für den Geist der Freundschaft (nicht des beinharten Kämpfens mit allen Mitteln) bei den Olympischen Spielen. Sie zeigen von links nach rechts die Farben Blau, Gelb, Schwarz, Grün und Rot. In jeder Nationalflagge auf der Welt kommt mindestens eine dieser Farben vor – auch das ein sichtbarer Tribut an das Einssein.

Wie weit ist das vom modernen Sport entfernt, in dem so oft mit harten Bandagen gekämpft wird! Führungskräfte ohne tiefere Bewusstheit, die alles durch die Brille des Getrenntseins sehen, betrachten diesen bitter ernsten Sport als eine Metapher für Krieg – das krasseste Gegenteil von Einssein.

Am 7. Oktober 2001 begannen die USA und Großbritannien mit der Bombardierung Afghanistans, und während eines Autorennens in Concord, North Carolina, flimmerten Videobilder der Angriffe über die Anzeigetafel. Die Menge johlte begeistert auf wie bei Gladiatorenkämpfen im alten Rom. Auch im Georgia Dome in Atlanta, in dem gerade ein wichtiges Footballmatch stattfand, wurde mitten im ersten Viertel die Nachricht vom Angriff durchgegeben. Die Zuschauer sprangen auf und klatschten und skandierten „USA! USA!“, als feuerten sie ihre Mannschaften an. Die Grenzen zwischen harter Gegnerschaft im Sport einerseits und Krieg andererseits verschwimmen. Beides ist austauschbar geworden.

Von Präsident Dwight D. Eisenhower stammen die berühmten Worte: „Der amerikanische Sport ist im Grunde dazu da, junge Leute auf den Krieg vorzubereiten.“ Diese Anschauung ist weit verbreitet, und Jan Freeman, Kolumnist beim *Boston Globe*, schürt sie noch, wenn er schreibt, Sport sei eine ritualisierte Form dessen, was auf dem Schlachtfeld geschieht. Da ist eine kämpferische Sprache im Sport praktisch unvermeidlich, ja sie bekommt auch noch eine vermeintliche Legitimität.

Wissenschaftler bestätigen diese Zusammenhänge mit der Feststellung, Konkurrenzdenken mache die Leute aggressiver und in Kulturen, in denen harte Gegnerschaft im Sport beim Publikum beliebt ist, bestehe auch eine erhöhte Neigung zu kriegerischen Auseinandersetzungen. Wer sein Leben nicht auf Sportstadien und Kriegsgebiete ausrichten will, für den ist das alles wenig inspirierend. Sehnen wir uns nicht viel mehr nach Vorbildern – und Sportlern –, die Köpfchen haben, die Herausragendes leisten, aber nicht aggressiv, sondern rücksichtsvoll und zum Dienen bereit sind? Solche Menschen muss Woodrow Wilson im Sinn gehabt haben, als er sagte: „Ihr seid hier, um als Vorbild für die Welt ein volleres Leben, ein Leben mit echten Visionen, sinnvollen Hoffnungen und Gespür für wahre Leistung zu führen. Ihr seid hier, um die Welt zu bereichern."

Bei manchen Menschen ist die innere Persönlichkeit schwach entwickelt, sodass sie außerhalb ihrer selbst nach Ersatzidentitäten suchen. Da kann es vorkommen, dass man die eigene Identität komplett an irgendeinen Ellenbogensport knüpft und es nicht erträgt, wenn „unsere Seite" mal nicht gewonnen hat. Es ist der vergebliche Versuch, stellvertretend für ein nicht vorhandenes eigenes Leben – also getrennt von sich selbst – durch die Siege „meiner" Mannschaft zu leben, egal mit welchen Mitteln die auch erkämpft sein mögen. Bei unseren intensiven Seminaren zum Thema Führungsstil kommt es häufig vor, dass der eine oder andere Teilnehmer sich eine Auszeit erbittet (um einen Begriff aus dem Sport zu verwenden), um ein bestimmtes Football- oder Basketballspiel im Fernsehen verfolgen zu können. Wenn diese Leute am nächsten Morgen wieder auftauchen, wirken sie manchmal bedrückt und verärgert, und als Begründung heißt es dann: „Meine Mannschaft hat verloren!" So eine „Niederlage" kann als schwerer Schlag gegen das eigene Ego empfunden werden, so entmutigend, dass man das eigene Leben und die Welt nur noch schwarz sieht.

Ich fühle mich dann an die schlimmsten Gewaltexzesse des römischen Weltreichs erinnert, vor allem an die Entladung aufgestauter Aggressionen in gnadenlosen Gladiatorkämpfen. Ein ähnlicher Blutdurst wird auch heute im Sport und in den Medien geschürt. Ein Eishockeyspiel beispielsweise gilt vielen „Fans" als umso besser, je gewalttätiger es verlief. Amerikanische Kinder, die durchschnittlich vier Stunden pro Tag fernsehen, haben nach einer viel diskutierten Studie bis zum Ende ihrer Grundschulzeit 12.000 Morde und 150.000 andere Gewalttaten verfolgt. Eine andere Untersuchung zur Gewalt im Fernsehen hat 1995 ergeben, dass in 73 Prozent der auf dem Bildschirm dargestellten Gewalttaten die

Täter straflos ausgingen. Wir dulden Gewalt und Getrenntheit nicht nur, sondern ermuntern noch dazu. Wen wundert es da, dass auch der gegenwärtig übliche Führungsstil von Gewalt geprägt ist?

Aber wir sind nicht von Geburt an blutrünstig. Bei der Geburt verfügt unser Gehirn noch nicht einmal über die Schaltkreise für Konkurrenzdenken. Wie Joseph Chilton Pearce in seinem Buch *Biologie der Transzendenz* (Arbor Verlag, 2004) darstellt, macht das Gehirn in den Tagen und Wochen nach der Geburt einen Wachstumsschub durch, der wesentlich mitbestimmt wird von der seelischen Verfassung der Mutter, von den empfangenen Reizen und von der Art, wie die Mutter und andere Menschen mit dem Säugling umgehen. Der Gebrauch des Gehirns, der nach Vorbildern eingeübt wird, bestimmt also von Anfang an darüber, wie es wächst, sich ausbildet und mit Sinnesimpulsen von außen sowie mit psychischen Impulsen von innen umgeht. Von den unmittelbaren Bezugspersonen in dieser kritischen Phase hängt es in erster Linie ab, wie sich das Denken des Kindes entwickelt – schon hier kann sich entscheiden, ob es später mehr zum Einssein oder zum Trennungsdenken neigen wird.

Allerdings stehen wir vielleicht schon am Anfang einer neuen Zeit. Christine Brennan schrieb in *USA Today*: „Im Nachhall der Terroranschläge des 11. September muss unsere aufbauschende, selbstgefällige und vielfach militaristische Umgangssprache sich ändern.“ Und im Sportteil amerikanischer Zeitungen findet sich hier und da das Gelöbnis, fulminante Torschüsse und Pässe nicht mehr als „Granaten“ zu bezeichnen.

> Ob du gewinnst oder verlierst spielt keine Rolle; wichtig ist nur, ob ich gewinne oder verliere.
> *Darrin Weinberg*

Eine Philosophie von harter Konkurrenz, ja gnadenloser Gegnerschaft ist eine Philosophie der Trennung: „Deine Niederlage ist mein Sieg“. Wo hätte hier ein Gefühl von Einssein und Verbundenheit mit dem Ganzen Platz? Auf diesem Boden gedeihen Krieg, Armut, Habgier, Gewalttätigkeit, unternehmerische Gewissenlosigkeit und chronischer Leistungsdruck.

Dienende Führungskräfte wissen, dass das Leben kein blutiger Wettstreit ist, dass es nicht um Aggression, Gewalt und gnadenlosen

Konkurrenzkampf gehen darf oder darum, dass irgendjemand verlieren muss und dann „draußen“ ist. In diesem dienenden Führungsstil wird anders gedacht. An die Stelle des überholten und trennenden Gewinner-Verlierer-Denkens tritt die einende Vorstellung, dass es möglich ist, *alle* zu Gewinnern zu machen. Und Gewinnen ist hier definiert als: „so weit kommen, wie es dir möglich ist, und dabei alle Potenziale zu entfalten, die du besitzst.“

Die großen dienenden Führer der Geschichte – Konfuzius, Buddha, Christus, Gandhi und viele andere – hätten die Aggression und Gewalt in unseren Medien niemals gut geheißen. Für solche Darstellungen und Verhaltensweisen wäre in ihrer auf Einssein ausgerichteten Lebensweise keinerlei Platz gewesen.

Verletzen oder dienen: Sie haben die Wahl

Eine Beziehung, die nicht auf beiderseitigen Nutzen ausgerichtet ist, führt zu einer Konkurrenz, in der ich dich „unterkriegen“ oder du mich „übers Ohr hauen“ musst. Das ist Trennung. Das ist für keine Seite inspirierend. Inspirierend für Kunden und Mitarbeiter sind dagegen Führungskräfte, die dienen, weil sie wissen, dass sie und die anderen eins sind, und die folglich darauf aus sind, das Gefüge der Beteiligten zu einem Ganzen zu machen.

> Nur ein für andere gelebtes Leben ist lebenswert.
> *Albert Einstein*

Wir haben im Umgang mit Anderen zwei Möglichkeiten. Aggressives Konkurrenzdenken, in dem wir immer die Oberhand behalten wollen und andere notfalls niedermachen, lebt stets aus negativer, trennender Energie. Wenn wir dagegen in positiver, einbeziehender Energie dienen, sind wir auf dem Weg zum Einssein. Wer seine Energie in den Sieg über einen Anderen investiert, der als „von mir getrennt“ gesehen wird, der wird den Einsatz verlieren. Verwende ich aber meine Energie, um dem Anderen zu dienen, werden wir beide gewinnen, weil wir eins sind. Die Energie der Konkurrenz mit allen Mitteln zerstört; die verbindende Energie des Dienens baut auf, heilt und erzeugt bei allen Beteiligten ein Gefühl persönlicher Ganzheit.

Rücksichtsloses Konkurrenzverhalten dient niemals einem anderen als dem Ego, aber in unserer Gesellschaft spielt das Ich-zuerst-Denken immer noch die größere Rolle. Wir sind geradezu süchtig nach all den Ranglisten, die das Konkurrenzdenken aufstellt. Und viele Dinge, die uns durch den Kopf gehen, sind Ego-Fragen: Wie wird man mich sehen oder beurteilen? Werde ich besser dastehen als X? Das dreht sich alles um mich – keine Wort von Dienen –, und da ich stets auf Anerkennung aus bin, liegen die Bezugspunkte immer im Außen.

Ja, der Führungsstil, mit dem wir alle nur allzu vertraut sind, geht vom Ego und seinem Drang zu trennen aus. Kann mein Ego die Oberhand über deins bekommen? Es spielt keine Rolle, ob du mein Kollege bist oder für ein Konkurrenzunternehmen arbeitest. Führen heißt für mich Krieg führen, und es kommt nur darauf an, dass ich allen ringsum meinen Willen aufzwinge: meinen Kunden, meinen Lieferanten, meinen Anwälten, meinen Buchprüfern, meinen Versicherern, meinen Parlamentsabgeordneten und meiner Regierung. Ich muss Sieger sein!

Im dienenden Führungsstil steht das Denken mehr unter dem Einfluss der Seele als dem des Ego. Es kommt aus dem Bewusstsein, dass wir eins sind, und stellt Fragen wie: Was kann ich für dich tun? Wie kann ich dich noch besser fördern und unterstützen? Hier wird die Welt nicht mehr als Konglomerat von Teilen gesehen, sondern als Ganzheit. Natürlich bleibt jemand, der so führt, auch eine Person; aber er ist nicht mehr ausschließlich in seinem Ich verankert und auf sein Ich ausgerichtet. Seine Art zu führen entspringt der Seele.

Führungsqualität ist das, was Menschen dazu bringt, dass sie aufstehen und uns andere über den Tellerrand blicken lassen.
James L. Fisher

In der Psychologie ist es eine Binsenweisheit, dass alles, was wir an uns selbst nicht wahrhaben wollen und ausblenden oder verdrängen, nur umso stärker wird und uns schließlich zwingt, es wahrzunehmen, weil es sich auf meist überzogene, impulsive Art Bahn bricht. Die Evolution des Menschen wird einen Schritt weiter kommen, wenn wir die verborgene Macht unseres Schattens erkennen – und als zu uns gehörig anerkennen –, der lieber kämpfen als dienen möchte.

Wütendes, gewalttätiges Verhalten verträgt sich nicht mit der Erkenntnis, dass wir Teil dieser einen Welt sind; ganz abgesehen davon, dass es auch noch unserer Gesundheit schadet. So zeigen Forschungsergebnisse, dass das Risiko von Zahnbetterkrankungen (Parodontitis) bei zornigen, einsamen Männern um 72 Prozent höher ist als im Durchschnitt.[13] Eine weitere Studie von Patricia P. Chang und Kollegen von der Johns Hopkins University School of Medicine[14] lässt erkennen, dass frühzeitige Herzerkrankungen bei Menschen, die auf Stress mit Zorn reagieren, mit dreimal höherer Wahrscheinlichkeit auftreten als im Durchschnitt; das Risiko, schon vor dem 45. Lebensjahr einen Herzinfarkt zu erleiden, war sogar sechsmal so hoch.

Eine dritte Studie, durchgeführt am Buckinghamshire Chilterns University College und veröffentlicht im *Journal of Occupational and Environmental Medicine*, befasste sich mit dem Blutdruck von Angestellten, die unter einem als unfair empfundenen Vorgesetzten arbeiteten: Bei ihnen stieg an Arbeitstagen der systolische Blutdruck um durchschnittlich 13 Punkte, der diastolische um sechs Punkte. Diese Erhöhung reiche aus, um das Risiko einer koronaren Herzerkrankung um 16 Prozent und das eines Schlaganfalls um 38 Prozent zu erhöhen, merken die Autoren an. Hartes, trennendes Konkurrenzverhalten entfremdet uns nicht nur allen, mit denen wir zu tun haben und die wir vor den Kopf stoßen; es ist auch in so gut wie jeder Hinsicht untauglich und schädlich, nicht zuletzt für unsere Gesundheit.

Die Geschichte zweier Schulen

Der Geist des Dienens wertet alle beruflichen und sonstigen Tätigkeiten auf. Das zeigt sich deutlich an unseren Schulen.

Das öffentliche Schulwesen greift umso mehr auf Massenabfertigung zurück, je knapper die Mittel werden und je größer der Lehrermangel ist. In den USA und anderswo steckt das Schulwesen

13 *Die Ergebnisse von Anwar T. Merchant und seinen Kollegen an der Harvard School of Dental Medicine sind nachzulesen im* Journal of the American Dental Association, *Dezember 2003, Seiten 1591–96.*

14 Archives of Internal Medicine, *April 2002*

in der Krise, was sich offenbar besonders stark auf Jungen auswirkt, die das gegenwärtige System eher abschreckt und teilnahmslos macht. Hier ein wenig Statistik aus den USA:

- Von der Grundschule bis zur Highschool haben Jungen dort im Durchschnitt schlechtere Zeugnisnoten als Mädchen.
- Schulverweise betreffen zu 75 Prozent Jungen.
- Im Lesen und Schreiben sind Mädchen den Jungen auf allen Jahrgangsstufen voraus.
- In mathematisch-naturwissenschaftlichen Fächern sind die Jungen besser.
- Förderunterricht wird in der Mehrzahl für Jungen verordnet; die Betroffenen sind zu 70 Prozent lernbehindert.
- Hyperaktivität wird bei Jungen neun Mal häufiger zum Problem als bei Mädchen. Nach Schätzungen wird bei jedem sechsten Jungen im Alter zwischen fünf und zwölf Jahren eine Aufmerksamkeitsstörung mit Hyperaktivität diagnostiziert.
- Gewalttätigkeit an Schulen wird zu 85 Prozent von Jungen verübt.
- Bei afroamerikanischen Jungen sind schulische Disziplinarmaßnahmen häufiger und fallen härter aus als bei allen anderen Minderheitsgruppen.[15]

Zudem wissen wir, dass jeder Mensch seinen persönlichen Lernstil hat und man nicht alles über einen Leisten schlagen kann. Schülern wäre am besten gedient, wenn wir für jeden einzelnen ermitteln würden, welcher Lernstil für ihn geeignet ist und was ihn begeistert – Und wenn wir dann den Unterricht auf die Schüler abstimmen könnten und nicht anders herum, wie es jetzt die Regel ist.

An der Evander Childs High School in der New Yorker Bronx sind Gewalttätigkeit und Aufsässigkeit Alltag, während Leistun-

15 *Diese Zahlen entnahm ich dem Onlinekurs „Raising and Educating Boys" (www2.edc.org/GDI/raising_boys.htm).*

gen und soziale Integration sehr zu wünschen übrig lassen. Weniger als ein Drittel der Schüler macht nach vier Jahren den Abschluss, und auch nach sieben Jahren haben gerade einmal 54 Prozent eine Abschlussprüfung geschafft.

Die Schule hat im zweiten Obergeschoss einen ungewöhnlichen Untermieter, die Bronx Laboratory School, die nur vier Klassenzimmer belegt und eine Abschlussrate von 80 Prozent anstrebt. Diese Schule ist eine Insel der Inspiration in einem Meer von Angst. Nicht das Gebäude oder seine Lage oder die finanzielle Ausstattung bestimmen darüber, ob Schule eine inspirierende Erfahrung ist; alles hängt von den Menschen ab – wie sie lehren und wie sie *dienen*.

Lehrer sind die Hüter der Zivilisation.
Bertrand Russell

Marc Sternberg, 32, der Rektor der Laborschule, hat hier eine Einrichtung geschaffen, die „eine Menge von unseren Schülern erwartet, den Kindern die Verantwortung für ihre Leistungen nicht abnimmt, die Eltern als Partner einbezieht und ein Unterrichtsumfeld bereitstellt, in dem das Lernen nicht nur im Klassenzimmer stattfindet, sondern die Welt erschließt. Das heißt: Wir legen großen Wert auf projektbezogenen Unterricht. Eine Unterrichtseinheit ist 75 Minuten lang. 75 Minuten kann man nicht wie in den sonst üblichen 45 Minuten füllen. Hier müssen die Schüler selbst etwas auf die Beine stellen, und in dem, was sie selbst tun, liegt das Lernen. Wir treffen uns einmal im Monat mit den Eltern, und telefonieren häufig mit ihnen."

Ein weiterer Unterschied zu anderen Schulen besteht darin, dass die Laborschule sich auch für das Privatleben ihrer Schüler interessiert. „Wenn jemand von zu Hause abhaut oder schwanger wird oder Ähnliches, betrachten wir uns als Teil der Familie und engagieren uns entsprechend."

Dass es hier um Dienen und um den Geist des Einsseins geht, braucht kaum noch eigens erwähnt zu werden.

Sternberg hat in Princeton studiert und seine Examensarbeit über die Bürgerrechtsbewegung in Baton Rouge geschrieben. Die Arbeit wurde ein Porträt der ganzen Bewegung und ihrer Führungsstruktur, wobei Sternberg auch aufzeigt, warum manche Führungspersönlichkeiten gescheitert sind und andere Erfolg hatten. Heute setzt er seine Ideen in die Praxis um, dient Schülern und Eltern und – lebt die CASTLE-Prinzipien: Mut, Echtheit, Dienen, Wahrheit, Liebe und Effektivität.

Zwei Schulen mit ganz unterschiedlichen Weltbildern unter einem Dach – die eine auf Getrenntheit, die andere auf Einssein angelegt: Selbstverständlich können da auch die Resultate unterschiedlicher kaum sein.

Die Chance, unser Schulsystem umzugestalten, wartet darauf, ergriffen zu werden. Schule müsste den Bedürfnissen der Schüler entsprechen, die Lehrmethoden müssten auf die Förderung der individuellen Stärken und nicht auf Ausgleich von Schwächen abgestimmt sein. So fänden die Schüler Inspiration, statt zum Lernen gezwungen zu sein, und die sehr reale Gefahr, eine weitere „lost generation“ hervorzubringen, wäre gebannt.

Dienendes Führen beinhaltet in jedem Fall eine seelische und spirituelle Reife, die weiß, dass man den Hang zu aggressivem Verhalten erkennen, annehmen und im Zaum halten kann. Dann wird die Energie, die wir sonst in solches Verhalten investieren, frei und kann genutzt werden, um anderen zu dienen. Das ist ein folgenreicher persönlicher Durchbruch, der Inspiration in unser Leben bringt, und diese Inspiration teilt sich den Menschen in unserer Umgebung mit. Es ist die Entscheidung gegen das Trennungsdenken und für das Einssein. Diese Entscheidung muss immer vom Einzelnen ausgehen, der dann sein Unternehmen, sein gesamtes Lebensumfeld und dadurch die Welt verändert.

Dienen heißt Zuhören

Fragt man Firmenchefs nach den Stärken, die ein Spitzenmanager beweisen sollte, wird man zu hören bekommen, dass er eine Zukunftsvision formulieren, für fette Dividenden sorgen, Quartal für Quartal die Zahlenvorgaben erreichen, die Konkurrenz aus dem Feld schlagen und über eine clevere Strategie verfügen müsse. Fragt man jedoch die Geführten, die Belegschaft, dann wird man erfahren, dass sie sich eine ganz andere Firmenleitung wünschen. Die Leute in den Führungsetagen sollten einen bewussten Führungsstil pflegen, sie sollten mitfühlend und fürsorglich, gerecht, fair, echt, zugänglich und aufrichtig sein, heißt es dort. Sie sollten den Mut aufbringen, ihre Versprechen zu halten, sie sollten die Mitarbeiter achten und die Beziehung zu ihnen als in gewissem Sinne heilig ansehen, sie sollten eine offene Informationspolitik betreiben und ihre Teams mit Anreizen und Vergünstigungen begeistern.

Zwei völlig konträre Visionen von Führungsqualitäten sind das. Was also sind wirklich die Pflichten einer Führungskraft? Den Geführten – auf welcher Ebene auch immer – zu dienen, sodass eine Dynamik der Inspiration entsteht, die Einssein erzeugt. Das lässt ein Team zur Bestform auflaufen. Wer also Führungsverantwortung hat und den Bedürfnissen derer, die ihm unterstellt sind, entsprechen will, tut gut daran, diese Bedürfnisse erst einmal genau zur Kenntnis zu nehmen. Die Mitglieder eines Teams wissen oft ganz gut, was sie erreichen wollen. Wenn man sie anregt, zu träumen und sich über den normalen Trott hinaus zu bewegen, werden sie in vielen Fällen genau das tun. Ich habe sogar festgestellt, dass Vorgesetzte das Potenzial und den Tatendrang ihrer Mitarbeiter oft unterschätzen.

Meine Freundin sagt, dass ich ihr nie zuhöre. Ich glaube, das hat sie gesagt.
Drake Sather

In einem Unternehmen, das mich als Berater engagiert hatte, sagte einer der Vizepräsidenten zu mir: „Gehen Sie mit mir einen Tag lang in dieser Firma herum, und ich zeige Ihnen auf Anhieb Einsparpotenzial im Gegenwert von 25 Millionen Dollar. Da muss man nicht lange forschen, da muss man keine fetten Beraterhonorare zahlen, man muss mit niemandem von außerhalb reden. Ich weiß das alles schon. Ich finde nur keinen, der mir zuhört und dann mit anpackt.“ Am besten dienen wir, wenn wir zuhören – und dann *handeln*.

Eheberater wissen, dass der eigentliche Grund für den Niedergang von Beziehungen oft darin besteht, dass die Fähigkeit oder Bereitschaft zuzuhören nicht mehr gegeben ist. Erziehungswissenschaftler sagen, schlechte Leistungen in der Schule hätten oft damit zu tun, dass Lehrer den Schülern nicht zuhören.

Nach einer in den *Annals of Internal Medicine* veröffentlichten Studie haben Howard B. Beckman und Richard M. Frankel ermittelt, dass Ärzte den mündlichen Bericht ihrer Patienten nach durchschnittlich 18 Sekunden unterbrechen. Längeres Zuhören gäbe uns sicherlich das Gefühl, dass wir wirklich gehört werden und auf dem Weg zu Ganzheit und Heilung sind – auf dem Weg zum Einssein.

Ein Gespräch, so lautet eine boshafte Definition, ist ein Stimmenwettkampf, bei dem derjenige, der gerade Luft holt, Zuhörer genannt wird. Man lernt im Allgemeinen nicht viel, solange die eigenen Lippen in Bewegung sind. Wir *reden* mehr vom Zuhören, als dass wir es *tun*. Wer in einer Führungsposition inspirieren und etwas ausrichten möchte, kann das Zuhören gar nicht groß genug schreiben.

„Blümchen" zeigt, was Zuhören ist

Fiorello LaGuardia war in den dunklen Zeiten der Weltwirtschaftskrise und des Zweiten Weltkriegs Bürgermeister von New York. Er war vielleicht der beliebteste Bürgermeister, den New York je hatte. Die Menschen liebten ihn, sie nannten ihn „Little Flower“, nicht nur weil das die Übersetzung seines italienischen Vornamens ist, sondern auch, weil er nicht länger als 1,5 Meter war und immer eine Nelke am Revers stecken hatte. LaGuardia war ein Bürgermeister zum Anfassen, er hörte den einfachen Leuten zu, weil er sich eins mit ihnen fühlte. Er fuhr bei Feuerwehreinsätzen mit, war bei Razzien in Kellerkneipen dabei, lud ganze Waisenhäuser zu Baseballspielen ein, und während des großen Tageszeitungsstreiks las er den Kindern im Radio die Humorseiten der Sonntagszeitungen vor.

Wenn du jemandem zuhörst, wird das, was er oder sie sagt, ein Stück von dir, ob du willst oder nicht.
David Bohm

LaGuardia suchte geradezu nach Gelegenheiten zuzuhören. An einem klirrend kalten Abend im Januar 1935 betrat er ein abends tagendes Schnellgericht im ärmsten Bezirk der Stadt. Er gab dem Richter frei und nahm selbst seinen Platz ein. Unter anderem wurde eine abgezehrte Obdachlose vorgeführt, die ein Brot entwendet hatte. Sie führte zu ihrer Verteidigung an, ihre Tochter sei krank und außerdem von ihrem Mann verlassen worden, und jetzt müssten ihre beiden Enkel hungern.

Aber der bestohlene Ladenbesitzer wollte seine Klage nicht fallen lassen und sagte: „Das ist eine wirklich üble Gegend, Euer Ehren. Die Frau muss bestraft werden, um dem ganzen Diebsgesindel eine Lektion zu erteilen."

LaGuardia seufzte. Dann wandte er sich der Frau zu und sagte: „Ich muss Sie bestrafen. Das Gesetz duldet keine Ausnahme. Zehn Dollar oder zehn Tage Haft." Noch während er das Urteil verkündete, langte er in die Tasche, förderte einen Geldschein zu Tage, warf ihn in seinen berühmten Hut und sagte: „Das sind die zehn Dollar Strafzahlung, die ich hiermit weiterleite. Außerdem verurteile ich jeden im Saal zu einer Buße von 50 Cent wegen Duldung von Zuständen, die zu Mundraub zwingen. Wachtmeister, sammeln Sie die Bußgelder ein, die anschließend der Beklagten auszuhändigen sind."

> Wenn du nicht hundert Menschen zu essen geben kannst, gib wenigstens einem.
>
> *Mutter Teresa*

Am nächsten Tag war in den New Yorker Zeitungen nachzulesen, wie eine völlig verdatterte Frau, die für ihre hungernden Enkel Brot gestohlen hatte, 47,50 Dollar entgegengenommen hatte. Auch der Ladenbesitzer hatte 50 Cent beigesteuert. Insgesamt waren mehr als 70 Kleinkriminelle und Verkehrssünder anwesend gewesen, außerdem etliche Polizisten, und alle ließen 50 Cent springen, während sie dem Bürgermeister applaudierten. Aha – also: *zuhören*!

Sie denken vielleicht, das seien alte Geschichten, deren Botschaft bestens bekannt sind. Aber bei unserer Zusammenarbeit mit Teams und Führungskräften in Unternehmen hören wir vor allem – und zwar überall auf der Welt – die Klage, dass Menschen in leitenden Positionen *nicht* zuhören. Natürlich sprechen wir oft davon, dass man zuhören und die Wahrheit sagen sollte; aber es wäre klug, das endlich auch mit mehr Energie zu *tun*. Umfragen unter den Mitarbeitern sind für sich allein noch kein Zuhören. Zuhören heißt, dass wir uns die Gedanken, Gefühle, Einfälle, Bedenken und sonstigen Regungen Anderer wirklich anhören und sie aufgeschlossen zur Kenntnis nehmen.

Peter Senge schreibt: „Wirklich zuhören heißt, dass man mitbekommt, was zwischen den Worten gesagt wird. Man hört nicht nur auf das Sprechen, sondern auf das Wesen dessen, der da spricht. Dann hört man nicht nur, was jemand weiß, sondern was er oder sie ist. Ohren arbeiten mit dem Schall, und der ist langsamer als das Licht, das die Augen aufnehmen. Kreatives Zuhörer ist die Kunst, in mir selbst ein so tiefes Schweigen zu erzeugen, dass mein inneres Zuhören auf die natürliche Geschwindigkeit meiner Ohren zurückfallen und zwischen den Worten das hören kann, was sie meinen."

Dienen auch in Krisenzeiten

Wie führt ein dienender Führungsstil zu besseren Ergebnisse für das Unternehmen? Die Antwort fällt überraschend einfach aus: Wenn wir anderen dienen, sind wir eins mit ihnen, das heißt, wir vermehren ihre Ganzheit – und das spornt sie zu Großem an.

Einer unserer Klienten pflegt einen 100-Tage-Plan zu aktivieren, sobald sich abzeichnet, dass das Unternehmen hinter dem Finanzplan zurückbleibt, wenn also die Ausgaben für das gesteckte Ziel zu hoch und die Einnahmen zu gering sind. Der 100-Tage-Plan ist dazu da, die Zahlen wieder in den Sollbereich zu bringen. In früheren Zeiten bekam das Management von der Unternehmensleitung nur zu hören:

„Wir müssen die Zahl der Beschäftigten um 200 senken, und zwar bis kommenden Donnerstag. Wie ihr das macht, ist eure Sache. Kümmert euch darum, nur so ist unser Finanzplan einzuhalten."

Die Angesprochenen waren verärgert, fühlten sich isoliert und herumgeschubst. Das Gefühl der Zusammengehörigkeit schwand, Entfremdung breitete sich aus, und mit der Geschäftsleitung fühlte man sich gewiss nicht eins. Heute werden die Team- und Abeilungsleiter zum Gespräch geladen, man geht gemeinsam vor und bespricht, wie die Dinge im besten Interesse aller zu hand-

> Wir können nicht jeder für sich allein leben. Unsere Leben sind mit tausend unsichtbaren Fäden verbunden. Unsere Taten laufen als Ursachen an diesen Fasern des gemeinsamen Fühlens entlang und kehren als Wirkungen zu uns zurück.
> *Herman Melville*

haben wären. Wenn der Fall wieder einmal eintritt, hören die Manager etwas in dieser Art: „Sie wissen ja, wie das mit Finanzplänen ist und dass wir sie einhalten müssen. Also: Wie können wir das gemeinsam erreichen? Halten Sie es für gut, die ganze Mannschaft zusammenzutrommeln, damit alle ihre Ideen vorbringen können?"

So kommt schließlich ein Plan zustande, der dem Ganzen dient und meist noch effektiver zum gewünschten Ergebnis führt, ohne dass jemandem weh getan wird, ohne dass jemand kaltschnäuzig ausgesondert und entlassen wird oder seinerseits gezwungen ist, andere vor die Tür zu setzen – was eine der schlimmsten Erscheinungen des Trennungsdenkens überhaupt ist.

Wir haben immer die Wahl zwischen mehreren Wegen, ein Unternehmen wieder ins richtige Fahrwasser zu steuern. Das aggressive Vorgehen behandelt Menschen als getrennt existierende Andere, während wir bei einer Lösung im Geist des Dienens eins sind. Ein Zyniker wird vielleicht sagen, das Resultat sei schließlich das gleiche. Aber selbst ein Zyniker müsste wahrnehmen können, dass alle vom Trennungsdenken ausgehenden Maßnahmen negative Folgen haben: Moral, Qualität und Service lassen nach, Krankenstand und Mitarbeiterfluktuation nehmen zu, und damit sind Kosten verbunden, die auf das Geschäftsergebnis drücken – und andere Kosten, die das Herz bedrücken.

Bei einem anderen unserer Klienten geschah es, dass bei der Budgetplanung ein Personalüberhang von 300 Stellen festgestellt wurde. Die Geschäftsleitung wandte sich an die Belegschaft mit der Frage, ob es Vorschläge gebe, wie man 300 Entlassungen vermeiden könne. Es dauerte keine zwei Wochen, bis die 9.000 Beschäftigten Ideen zusammengetragen hatten, die bei konsequenter Umsetzung mehr in die Kassen bringen würden, als für diese 300 Leute an Gehalt zu zahlen war.

> Vergiss dich selbst, so gut es geht, im Dienst an anderen. Wenn wir zu sehr an uns und unsere eigenen Interessen denken, fallen wir leicht in Mutlosigkeit. Wo wir uns für andere einsetzen, kehren unsere Bemühungen als Segen zu uns zurück.
> *Sidney Powell*

Menschen sind kreativ. Wenn man ihnen entgegenkommt, sie zum Gespräch einlädt und ihnen dann auch wirklich zuhört, fühlen sie sich einbezogen und bekommen die Sicherheit, dass man offen und ehrlich mit ihnen umgeht. Das inspiriert, und dann ist mit verblüffenden Ergebnissen zu rechnen. Ein Vertreter des dienenden Führungsstils setzt sich mit seinen Leuten zusammen und fragt: „Wie können wir dieses Problem gemeinsam lösen?“ Das ist Einssein.

Im Secretan Center praktizieren wir präventive Planung. Von Zeit zu Zeit finden wir uns zum „Heartstorming“ (statt Brainstorming) zusammen und spielen Zukunftsszenarien durch, etwa anhand der Frage, was wir tun könnten, wenn die Geschäftsentwicklung hinter den gegenwärtigen Stand zurückfallen würde. Ich sage dann zum Beispiel: „Was machen wir, wenn unsere Aufträge um die Hälfte zurückgehen und nicht mehr genug Arbeit für uns alle da ist? Es ist besser, das zu besprechen, *bevor* es passiert. Ich wüsste gern, was ihr darüber denkt, solange das Problem nicht besteht. Hättet ihr Interesse, euch ein Sabbatjahr zu nehmen? Würdet ihr in Teilzeit gehen wollen? Würdet ihr Gehaltskürzungen hinnehmen? Würdet ihr andere Einnahmequellen erschließen, und habt ihr Ideen dazu? Was für Lösungen auch gefunden werden, ich lege mich darauf fest, dass niemand entlassen wird. Im Gegenzug möchte ich aber wissen, was euer Beitrag wäre. Wie würdet ihr euch engagieren, sollte der Fall eintreten?“

Ein weiterer Kunde von uns ist ein Großunternehmen im Energiesektor. Veränderte Marktbedingungen und wachsende Produktivität hatten dort zu einem krassen Missverhältnis geführt zwischen der Zahl der Beschäftigten und dem, was die Firma sich vernünftigerweise an Planstellen leisten konnte: 50 Prozent der Belegschaft, 3500 Mitarbeiter, waren überflüssig geworden. Die Lösung bestand darin, dass diese Menschen als eins mit der Firma und ihrer Zukunft behandelt wurden, indem man sie aufforderte, ihre Kunden aufzusuchen und zu fragen, ob sie an neuen Serviceleistungen interessiert seien und auch dafür zahlen würden. Mit dem, was hier an Wissen und Daten zusammenkam, konnten 60 neue Tochterfirmen aufgebaut werden. Alle überzähligen Beschäftigten wurden umgeschult und bekamen neue Aufgaben.

Beim bewussten Führen werden Mut und Fantasie eingesetzt, um *allen* und nicht nur manchen zu dienen. Wer als Beschäftigter in den Genuss einer solchen Behandlung kommt, ist dankbar und begeistert und wird seinerseits dem Ganzen dienen und das Seine tun, damit es dem Unternehmen, den Aktionären, den Kunden, den Lieferanten und der Gemeinschaft gut geht.

Wie man in den Wald hineinruft...

Kirk Hoessles Arbeitsplatz besteht aus Tausenden von Quadratkilometern urtümlicher Wildnis. Der aus Missouri stammende Kirk hat ein Studium im Bereich Umwelterziehung und Abenteuertourismus absolviert und machte sich danach in die Weiten Alaskas auf. Dort begann er 1982 als Führer für Zeltsafaris im atemberaubenden Inneren des Landes: im Kenai National Wildlife Refuge, Chugach National Forest und Denali National Park. Kaum mehr als 50 Glückliche pro Jahr lüfteten damals ihre Seele in diesem Traum von Naturerlebnis aus. Hoessle liebte seine Arbeit über alles. Er übernahm eines Tages das Unternehmen, für das er arbeitete, und baute es im Lauf der Jahre zu dem aus, was es heute ist: Alaska Wildland Adventures, ein preisgekrönter Ökotourismus-Veranstalter mit zwölf festen Angestellten und 80 Saisonkräften, die jährlich für mehr 1.000 Teilnehmer Touren durch Zentralalaska organisieren. Manche Gäste übernachten in Zelten, die meisten jedoch in den typischen Blockhütten des Landes. 2005 waren der frühere Präsident Jimmy Carter und seine Frau unter den Gästen von Alaska Wildland Adventures.

Schon in seinen Anfängen als Angestellter des Unternehmens, das ihm heute gehört, erkannte Kirk, dass Erfolg im Geschäft nur möglich ist, wenn man den Mitarbeitern dient. „Ich erinnere mich gut daran, wie das als Angestellter war", sagt er. „Und ich weiß: Der Service meiner Firma steht und fällt mit den Beschäftigten und ihrem Verhältnis zur Kundschaft. Als Spezialisten für Ökotourismus wissen wir außerdem, dass Mensch und Umwelt eins sind, und unsere Angebote sind darauf ausgerichtet, beiden gleichermaßen zu dienen."

> Wo Menschen dienen, ist das Leben nicht länger sinnlos.
> *John W. Gardner*

Hoessle hat alles unternommen, was dem vertrauensvollen Umgang mit der Belegschaft dienen kann. Um „Familiensinn" entstehen zu lassen, praktiziert er ein Management der offenen Bücher, das heißt, er legt die Bilanzen der Firma offen dar. Es gibt einen Verteilungsplan für die Einnahmen, und die Mitarbeiter werden jedes Jahr um Verbesserungsvorschläge gebeten. Die Ergebnisse werden am Saisonbeginn bekannt gegeben. In den Entscheidungsprozessen überlässt Hoessle vieles den Ressortleitern, die selbst befugt sind, Entscheidungsprozesse an Arbeitsgruppen, möglichst sogar an Einzelne zu delegieren. Da jeder über die Finanzen des Betriebs unterrichtet ist, kennen alle auch ihren Spielraum für Ausgaben, können ihre Arbeitspläne selbst aufstellen und in vielen Dingen nach eigenem Ermessen handeln.

Und wie sehr sie das genießen, ist ihnen deutlich anzumerken. Glenda Denny erfuhr von diesem Veranstalter, als sie in einem Hotel in der Nähe arbeitete. Als sie mit Hoessles Tourführern sprach, fiel ihr die leidenschaftliche Begeisterung dieser Männer und Frauen auf, und das brachte sie auf den Gedanken, sich ihnen anzuschließen.

„Sie kannten sich alle unglaublich gut aus, und man sah ihnen an, dass sie ihre Arbeit liebten", sagt sie.

Die Folgen des 11. September brachten auch Alaska Wildland Adventures in Bedrängnis, Hoessle stand vor schwierigen Entscheidungen. Aber er bezog seine Leute mit ein: Alle sollten sich dazu äußern, wie man die Durstrecke am besten überstehen könne. Er sprach keine Kündigungen aus, um die Kosten zu senken, sondern alle erhielten die Möglichkeit, 30 unbezahlte freie Tage zu nehmen. Manche nahmen sie am Stück, andere entschieden sich für die Vier-Tage-Woche. Wer dadurch in Geldnot geriet, bekam von Hoessle ein Darlehen. Alle erhielten die Erlaubnis, außerhalb der Saison die Hütten der Firma zu benutzen. Kirk war es wichtig, dass das Unternehmen in diesen schwierigen Zeiten jeden Einzelnen unterstützte.

Dann kam der Ernstfall. Im Sommer 2003 schlug in einem schwer zugänglichen, als unberührte Wildnis ausgewiesenen Gebiet ein Blitz ein und löste einen Schwelbrand aus. Nur zwei Meilen von der Brandstelle entfernt lag das Hotel Kenai Backcountry Lodge, das im Besitz von Alaska Wildland Adventures ist. In diesen Wildnisgebieten Alaskas werden Brände als Teil der natürlichen Selbstregulation des Ökosystems angesehen und nicht bekämpft, solange sie nicht Überhand nehmen oder auf besiedeltes Gebiet überzugreifen drohen. Man ließ das Feuer also schwelen.

Dieser Sommer war jedoch ungewöhnlich trocken, und schließlich fiel die Hauptwasserquelle der Lodge trocken, ein aus einer Quelle gespeister Bach. Es war das erste Mal seit der Übernahme des Hotels, und jetzt entstand die Sorge, das Feuer könne in dieser extremen Trockenheit richtig aufflammen.

Hoessles Leute telefonierten bald täglich mit den für Brandbekämpfung zuständigen Behörden, um sie zu Löscharbeiten zu bewegen, aber zunächst tat sich nichts, weil die Feuerwehren die Brandgefahr falsch einschätzten.

Am 10. August erhielt Hoessle in seinem Büro – drei Stunden Auto- und Bootsfahrt von der Lodge entfernt – einen Anruf von jemandem, der gegenüber der Anlage am anderen Seeufer wohnt und sagte, er sehe oberhalb der Lodge Rauch aufsteigen. Erschrocken alarmierte Hoessle sofort den Manager der Lodge, der mit dem Boot auf den See hinausfuhr, um sich einen Überblick zu verschaffen. Tatsächlich musste er feststellen, dass der Brand sich in Richtung See ausbreitete, direkt auf die Hotelanlage zu. Die aus acht Hütten bestehende Lodge wurde sofort evakuiert, und man bot den Gästen an, sie in anderen Unterkünften einzuquartieren.

Auf lange Sicht bekommen wir nicht mehr als das, was wir zu geben gewagt haben.
Sheldon B. Kopp

Dann verständigte Hoessle die für Brandmeldungen offiziell zuständige Leitung des Kenai Wildlife Refuge. Er und zwei Mitarbeiter packten Schlafsäcke, geeignete Kleidung, Motorsägen und andere Ausrüstung zusammen und machten sich auf den Weg zum Kenai Backcountry Lodge. Zusammen mit der Belegschaft schlossen sie dort Schläuche an die Pumpen der Wassernotversorgung an und besprengten die Gebäude. Dann begannen sie, rings um den Gebäudekomplex eine Brandschutzschneise zu schlagen. Spät am Abend landete ein Boot mit acht Feuerwehrleuten; doch dann kam Wind auf und vergrößerte die Brandgefahr, sodass die Männer wieder abrückten und Hoessle rieten, sich mit seinen Leuten ebenfalls in Sicherheit zu bringen.

Hoessle war klar, dass er mehr Helfer brauchte, wenn er die Lodge retten wollte – falls das überhaupt noch möglich war. Er rief Kevin McDermott an, einen früheren Mitarbeiter, der inzwischen ein Bauunternehmen besaß. Kevin war sofort bereit, mit seiner ganzen Belegschaft zum See zu kommen und bei der Brandbekämpfung zu helfen. Außerdem alarmierte er einen weiteren früheren Mitarbeiter, Dennis Weber, der die Nachricht an seinen Bruder Mike und dessen Frau Jen weitergab. Die drei packten ebenfalls ihr Motorsägen ein und brachen sofort auf, sodass sie die Lodge am frühen Morgen erreichten.

So arbeiteten von sechs Uhr früh bis zum Mittag 18 derzeitige und frühere Mitarbeiter von Alaska Wildland Adventures fieberhaft und in perfektem Zusammenspiel, um das Feuer einzudämmen. Erst dann trafen wieder Feuerwehreinheiten ein, und mit dieser Verstärkung konnten im Laufe des Tages ausreichend Brandschneisen gelegt werden. Keiner der Helfer überlegte, ob es für den knochenharten Einsatz eine Bezahlung geben würde und, wenn ja, wie viel.

„Eine Woche später", erinnert Hoessle sich, „haben die Leute Schecks von mir bekommen, aber ich musste sie wirklich drängen, das Geld anzunehmen."

So konnte die Kenai Backcountry Lodge, eine der Haupteinnahmequellen für Alaska Wildland Adventures, durch den Einsatz früherer Mitarbeiter gerettet werden, deren Zugehörigkeitsgefühl zu dem Unternehmen auch nach vielen Jahren unverändert geblieben war.

Wie hat der Firmengründer diese Unternehmenskultur geschaffen? Kirk Hoessle, der selbst als Führer angefangen hat, weiß sehr gut, dass die Zufriedenheit und Einsatzbereitschaft der Angestellten umso größer wird, je besser die Geschäftsleitung ihnen dient. Für ihn bedeutet das, dass er seine Leute schätzt und achtet, ihren Worten Gewicht beimisst und sie in alle Entscheidungsprozesse einbezieht. Für ihn muss Management auf das wirtschaftliche *und* menschliche Gesamtergebnis abgestimmt sein und darf nicht auf demoralisierende Gängelung hinauslaufen. Zwei Dinge sind ihm besonders wichtig: dass man einander auch bei Meinungsverschiedenheiten respektiert; und dass man erst einmal selbst versteht, bevor man anderen etwas zu verstehen gibt. Beides setzt echtes Zuhören voraus.

„Die Leute bewerben sich bei uns, weil die Sache sie interessiert und der Umweltgedanke ihnen wichtig ist“, sagt Kirk. „Aber sie bleiben, weil sie gut behandelt werden.“

Ja, anderen zu dienen, ist immer eine gute Investition.

Hören Sie sich das noch einmal an: „Sie bleiben, weil sie gut behandelt werden.“ Das gilt nicht nur für Mitarbeiter. Das gilt auch für Kunden, Ehepartner, Freunde, Geschäftspartner, Kirchenmitglieder und Bürger eines Landes. Anderen in dem Wissen zu dienen, dass wir alle miteinander verbunden und voneinander abhängig und deshalb eins sind, ist am Ende auch die beste Art, uns selbst zu dienen – schließlich sind wir Teil dieses Ganzen.

So gewinnen Sie Ihre Freude am Dienen zurück

Wir leben, um anderen, unserer Umwelt und einem höheren Zweck – unserer Bestimmung – zu dienen. Wenn wir dienen, inspirieren wir. Wenn wir dienen, führen wir. Und wer dient, inspiriert und führt, wird eins mit denen, die er führt. Wenn Sie wirklich vorhaben, anderen in diesem Sinne zu dienen, werden die folgenden Fragen sie darin unterstützen:

> Ein ganz in sich selbst verstrickter Mensch ergibt ein ziemlich kleines Paket.
>
> Benjamin Franklin

- Um dienen zu können, müssen wir zuhören. Hören Sie zu, um wirklich *aufzunehmen*, was Sie hören?
- Entscheiden Sie sich zu dienen, anstatt zu konkurrieren?
- Wer wütend ist, sagt der Volksmund, trinkt selbst Gift und erwartet, dass der andere daran stirbt. Lassen Sie Ihren Zorn los, um anderen dienen zu können?
- Ist die Angst aus Ihrem Arbeits- und Lebensumfeld verbannt worden, damit das Dienen eine Chance hat?
- Sind Sie immer und bewusst bemüht zu heilen, anstatt zu verletzen?

- Haben Sie Angst und Aggression durch Dienen und Mitfühlen ersetzt?
- Je mehr wir anderen dienen, desto mehr tragen wir zu unserer eigenen Entwicklung bei. Was tun Sie, um anderen besser zu dienen und damit Ihr eigenes Wachstum zu fördern?
- Würden Ihre Mitarbeiter Sie als Vertreter des dienenden Führungsstils ansehen?
- Würden ihre früheren und jetzigen Mitarbeiter eine Nacht lang durch die Wildnis fahren, um einfach da zu sein, wenn es bei Ihnen brennt?
- Fördert Ihr Dienen das Einssein der Menschen und der ganzen Welt?

Unterm Strich

Warum sollen wir dienen?

Weil unser Dienen ein Geschenk ist,
das Konkurrenzkampf, Aggression und
Eigennutz überflüssig macht.
Wir sind eins.

Arbeitsblatt

Inspirieren Sie sich zur Dienstbereitschaft

Schildern Sie einen der größten Momente des Dienens in Ihrem Leben, in dem Sie den Bedürfnissen anderer so gut entsprochen haben, wie Sie nur können:

Beschreiben Sie etwas aus Ihrem gegenwärtigen Leben, das (wie Sie im Innersten wissen) besser laufen könnte, wenn Sie bereitwilliger dienen würden. Der Impuls zu dienen ist bereits in Ihnen, wie Sie in Ihrem Beispiel eben erst geschildert haben. Wie könnten Sie in der jetzigen Situation wieder zu diesem Dienen finden?

Wer Sonnenschein in das Leben
anderer bringt, kann ihn auch von sich selbst
nicht fernhalten.

James Barrie

Kapitel

8

Wahrhaftigkeit

Vielleicht kennen Sie diese alte Denksportaufgabe: Ein Wanderer kommt an eine Weggabelung, und die beiden Wege führen zu zwei Dörfern. In dem einen Dorf sagen die Menschen immer die Wahrheit, in dem anderen lügen sie immer. Der Wanderer will in das Dorf, wo immer die Wahrheit gesagt wird, war aber noch nie dort. An der Gabelung stehen zwei Schwestern: Die eine lügt immer, die andere sagt immer die Wahrheit, aber der Wanderer weiß nicht, welche welche ist. Es gibt in dieser Situation nur eine Frage, mit der er sicher herausfinden kann, welchem Weg er folgen muss. Wie lautet diese Frage?

Wissen Sie es? Falls nicht, hier ist die Lösung. Er fragt eine der beiden Frauen: „Was wird deine Schwester sagen, wenn ich sie nach dem Weg ins Dorf der Wahrheit frage?" Es spielt keine Rolle, welche der beiden er fragt, in beiden Fällen kann der gewiesene Weg nur der falsche sein. Also nimmt er den anderen.

Für uns ist hier eine andere Frage spannender: Mit welcher der beiden Schwestern wären Sie lieber befreundet, mit der Lügnerin oder der Wahrheitsliebenden?

Wie wir die Währung Wahrheit entwerten

Es gibt Umfragen, denen zu entnehmen ist, dass jeder von uns durchschnittlich 13 Mal in der Woche lügt. Oder dass in zwei Dritteln aller Gespräche Unwahrheiten vorkommen. Drei Viertel aller Befragten schönen ihren Lebenslauf, und 20 bis 30 Prozent der Führungskräfte geben zu, dass sie gelegentlich interne Berichte verfassen, die falsche Fakten vortäuschen. Bei einer breit angelegten Befragung von Wissenschaftlern in der biomedizinischen Forschung gaben 33 Prozent zu, in den vergangenen drei Jahren mindestens ein Mal etwas getan zu haben, das ethisch zweifelhaft war. 15 Prozent der Befragten räumten außerdem ein, sie hätten „unter dem Druck von Geldgebern das Konzept, die Methodik oder die Ergebnisse einer Untersuchung abgeändert".

Aufrichtigkeit braucht in ihrer schlichten Schönheit keinen Schmuck.
Merry Browne

Es mag sein, dass jeder einzelne dieser Vorfälle nicht schwer wiegt, aber wiederkehrende Verstöße gegen das Berufsethos nisten sich heimtückisch ein und führen auf Dauer dazu, dass unser Vertrauen gegenüber den Institutionen – und, schlimmer noch, das Vertrauen der Menschen untereinander – schwindet. Allein der Gedanke, durch „zweifelhaftes" Verhalten in der biomedizinischen Forschung Budgets und Forschungsaufträge sichern zu wollen, zeigt wieder einmal den Wahnsinn des Trennungsdenkens, das in diesem Fall gesundheitliche Risiken für unzählige Menschen nach sich ziehen kann. Und das nur, weil kein ausreichendes Bewusstsein für das Ganze, für unser Einsseins, vorhanden ist.

In früheren Zeiten lebten wir in kleineren Gemeinschaften viel enger zusammen; Lügen waren schwer zu verbergen und folgenreich. Lügen blieben nicht Sache des Einzelnen, sondern wurden schnell zu etwas, das die ganze Gemeinschaft anging. Dieses Gemeinschaftsgefühl ist uns zwar vorübergehend verloren gegangen, aber es kehrt langsam zurück, und mit den weltweiten digitalen Datennetzen wächst uns ein neues kollektives Gewissen heran. Es wird immer schwieriger, Unwahrheiten zu verbergen, und je weniger Vorteile das Lügen verspricht, desto mehr schwinden seine Verlockungen. In gewisser Weise hat das Internet sich zu unserem digitalen Gewissen gemausert.

Bei unseren Seminaren und Klausurtagen fordern wir die Teilnehmer manchmal auf, einen Fragebogen auszufüllen. Dort sind etliche Aussagen aufgelistet, und die Teilnehmer sollen auf einer Skala von null bis zehn angeben, wie weit die Aussagen für ihr Leben zutreffen. Dabei soll null „nein" und zehn „ja" bedeuten. Einer der Sätze lautet: „Ich sage immer die Wahrheit." Die meisten siedeln sich weit oben an, bei acht oder neun. Zehn finden wir selten, aber 9,5 kommt häufiger vor.

Wir fragen dann: „Die Aussage lautete: Ich sage *immer* die Wahrheit. Was meinen Sie also mit 9,5?“ Die Erklärungen klingen meist etwa so: „Na ja, ich will damit sagen, dass ich *fast* immer die Wahrheit sage. In seltenen Fällen sage ich vielleicht nicht die Wahrheit oder verschweige sie. Oder die Wahrheit könnte jemanden verletzen oder ihm schwer zu schaffen machen, und deshalb verschweige ich etwas. Aber sonst sage ich meistens die Wahrheit.“

Darauf haben wir natürlich gewartet und sagen: „Dann sollte Ihre Antwort null lauten, oder? Ich sage *immer* die Wahrheit, heißt es im Fragebogen. Da kann die Antwort nur ja oder nein sein, nichts dazwischen.“

Diese kleine Falle macht deutlich, wie leichtfertig wir mit der Wahrheit umzugehen bereit sind. Und an den pflaumenweichen Begründungen zeigt sich, wie weit unser Maßstab für Wahrhaftigkeit schon aufgeweicht ist. Viele nehmen es mit der Wahrheit nicht so genau, weil schon keiner mehr so genau weiß, was Wahrheit eigentlich ist. Wir denken, das sei schon in Ordnung, und sehen uns als aufrichtige oder wahrhaftige Menschen, wenn wir *meistens* die Wahrheit sagen. Schließlich biegt doch jeder mal die Fakten ein bisschen zurecht; wer das in der heutigen Welt nicht tut, muss schon etwas naiv sein. So haben wir die Wahrheit als Währung entwertet.

Spielarten der Täuschung

Unaufrichtig kann man auf vielerlei Art sein. Immer wenn wir einen Finanzplan aufstellen, der nicht voll den Tatsachen entspricht – manche Risiken lassen wir unerwähnt, manche Kosten werden umetikettiert oder in andere Abteilungen verschoben –, sagen wir nicht die Wahrheit. Wenn ich die Teilnehmer an unseren Seminaren frage, ob sie schon einmal einen wahrhaftigen Finanzplan gesehen hätten, lachen die meisten, als wäre das ein reizend altmodischer Gedanke.

Auch Werbung, Produktbeschreibungen und Zutatenlisten entsprechen selten voll der Wahrheit. So sehen wir zum Beispiel auf der Zutatenliste eines Lebensmittels „Zucker" ziemlich weit oben und weiter unten „Glukose" oder „Fruktose". Glukose beziehungsweise Fruktose sind aber nur andere Zuckerarten, und so können sich die Hersteller vor den Verbrauchern geschickt der Wahrheit über den Gesamtzuckergehalt ihres Produktes entziehen.

Es gibt drei
Wahrheiten:
meine Wahrheit,
deine Wahrheit
und
die Wahrheit.
Chinesisches Sprichwort

Ich habe einmal dem Management eines der größten Nahrungsmittelkonzerne der Welt vorgeschlagen, die Verpackungen aller Produkte mit folgendem Aufdruck zu versehen: „Wir sagen die Wahrheit. Lesen Sie hier die vollständige und nichts verbergende Liste aller Zutaten dieses Produkts." Ich hatte die klare Vision, dass man damit einiges Aufsehen erregen und mehr Kundentreue erreichen könnte, vor allem bei ernährungsbewussten Verbrauchern.

Die leitenden Herren waren zunächst recht angetan von diesem Gedanken. Aber nachdem er in allerlei Gremien erörtert worden war, kamen sie zu dem Schluss, dass sie damit doch zu radikal die geltenden Spielregeln über den Haufen werfen würden. Sie sahen unüberwindliche Komplikationen auf sich zukommen, was den Umgang mit Werbeagenturen, Großhandel, Lieferanten Verbrauchern, Aufsichtsbehörden und Versicherungen anging. Die Ehrlichkeit auf dieses Niveau zu heben, befanden sie, würde einen endlosen Rattenschwanz von Problemen nach sich ziehen.

„Unsere Rechtsabteilung", hieß es, „würde uns die Hölle heiß machen und ständig sagen, dass dies nicht geht und das nicht geht und dass wir uns damit lauter Prozesse aufhalsen würden."

So befanden sie schließlich, der Vorschlag sei nicht umzusetzen. Sie hatten sich zu tief und zu lange auf Täuschung und Verschleierung festgelegt, um jetzt auf Anhieb umsteuern zu können. So sahen sie keinen anderen Weg, als ihre Strategie der verlogenen Schönfärberei zu bekräftigen.

Schade für das Unternehmen. 2005 kündigte McDonald's an, man werde ab 2006 auf den Verpackungen der meisten Produkte die Zutaten angeben. Der Aktienkurs stieg im Nu um drei Prozent. Die Anleger wussten: Verbraucher sehnen sich nach Ehrlichkeit. Sie schadet dem Geschäft nicht, ganz im Gegenteil.

Die Entscheidung, was auf den Packungen steht, kann für ein Unternehmen großen Nutzen, aber auch großen Schaden mit sich bringen. In den USA wurde der Tabakindustrie vorgeworfen, sie verharmlose das Suchtpotenzial und das Krebsrisiko des Zigarettenrauchens und berufe sich dabei auf fragwürdige Forschungsergebnisse. Die Unternehmen mussten schließlich eine herbe Niederlage einstecken und wurden wegen Irreführung zur Zahlung einer Strafe von 250 Milliarden Dollar verurteilt. (Das ist wirklich viel Geld. Sie würden mindestens 7.500 Jahre brauchen, um so weit zu zählen ...) Hätten die Zigarettenhersteller rechtzeitig Warnungen auf ihre Packungen gedruckt – das heißt, die Wahrheit gesagt –, vielleicht hätten sie dann etwas Nachvollziehbares zu ihrer Verteidigung vorbringen können. Viele Menschen hätten ja trotzdem geraucht.

Immer, wenn wir die Wahrheit vergewaltigen, stirbt etwas in uns und wir führen einen Schlag gegen das Wohl der Menschheit.
Ralph Waldo Emerson

Nichts bleibt ohne Folgen. Wir sind eins.

Wahrheit – die beste Wachstumsstrategie

Die Wahrheit sagen – das könnte der größte Profitgenerator der Wirtschaftsgeschichte sein. Nach meiner Schätzung sind heute 20 Prozent der arbeitenden Bevölkerung damit beschäftigt, die übrigen 80 Prozent zu überwachen und dafür zu sorgen, dass sich alle an die Regeln und Verfahren ihrer Unternehmen halten, dass nicht gegen Gesetze verstoßen wird, dass die Spesenrechnung stimmt, dass der Etat nicht überzogen wird, dass überall in den Unternehmen alles mit rechten Dingen zugeht.

In einem Konzern mit 10.000 Beschäftigten hieße das, dass etwa 2.000 Männer und Frauen dafür zu sorgen haben, die übrigen 8.000 sich an die Regeln halten. Das geschieht durch Rechnungsprüfung, Budgetkontrolle, Leistungsprüfung und so weiter und so weiter. Wenn wir davon ausgehen, dass jeder Beschäftigte das Unternehmen jährlich mindestens 50.000 Dollar kostet, ergibt sich allein für die 2.000 „Kontrolleure“ der atemberaubende Kostenpunkt von 100 Millionen Dollar pro Jahr.

Würden wir nun in dem ganzen Betrieb eine „Wahrhaftigkeits-Initiative" starten und wären damit zu 50 Prozent erfolgreich, dann könnten wir theoretisch 1.000 Stellen einsparen, nämlich die Hälfte jener Leute, die bis dahin die anderen 8.000 kontrolliert haben. Oder, noch viel besser: Wir könnten die 1.000 Mitarbeiter weiter beschäftigen und für produktive Aufgaben einsetzen. Sie könnten zum Beispiel die Kundenbetreuung verbessern, etwas für die Inspiration der Belegschaft tun und die Fluktuationsrate senken, Ideen für innovative Produkte und Dienstleistungen entwikkeln oder für nie dagewesene Produktqualität sorgen. Diese Menschen stehen ja schon auf der Gehaltsliste; wenn wir ihre Energie und Begeisterung für produktive Tätigkeiten einsetzen könnten, die Geld *einbringen* und nicht nur Geld *kosten*, wäre das ein riesiger Schritt zu mehr Produktivität, Effizienz und Rentabilität.

Immer wenn über den Mangel an qualifizierten Arbeitskräften gejammert wird, sollte man auf diesen Zusammenhang hinweisen. Es gibt gute Mitarbeiter zuhauf, wir geben ihnen nur die falschen Jobs – Jobs, die nur existieren, weil wir von vornherein einiges falsch machen: Wir sagen nicht die Wahrheit, und wir begnügen uns mit all den Halbheiten, die aus Mangel an Wahrhaftigkeit entstehen. Wahrheit ist auch in der Wirtschaft ein „Instrument" von kaum zu überschätzender Kraft. Für die Steigerung der Gewinne gibt es vermutlich keine Einzelmaßnahme, die so viel bewirken kann wie das radikale Bekenntnis zur Wahrhaftigkeit – viel mehr als Kaizen oder Six Sigma oder Total Quality Management oder wie alle die ach so populären „Gewinnsteigerungskonzepte" heißen.

Zum Lügen gehören zwei: einer, der lügt, und einer, der zuhört.
Homer Simpson

Als Mary Cusack das Angebot bekam, bei Procter & Gamble einen 50 Millionen Dollar teuren Abfüllbetrieb für Reinigungsmittel aufzubauen, fiel ihr schnell auf, dass dieses Projekt von Anfang an mit Misstrauen und Unehrlichkeit belastet war. Zusammen mit dem Personalmanager Don White rief sie ein Wahrhaftigkeits-Programm ins Leben, das an Ideen von Brad Blanton (Autor von *Radikal ehrlich*) und Will Schutz (Autor von *The Human Element*) anknüpfte.

„Wir haben alle Beteiligten dazu gebracht, einander in die Augen zu sehen, sich gegenseitig ihre Wertschätzung und ihre Vorbehalte einzugestehen, Konflikte zu bereinigen und dann endlich an die Arbeit zu gehen", sagt Mary Cusack. Sie selbst habe „alle Informationen und eigenen Einschätzungen offen gelegt, die sich auf meine Entscheidungen ausgewirkt hatten. Ich habe mich ungeschützt vor meine Leute hingestellt. Gerade als Frau hätte ich in meiner Position eigentlich keine Gefühle zeigen dürfen. Aber es lief gut und hat sich zu meinen Gunsten gefügt."

Dieser Mut zur Wahrhaftigkeit hat die Entscheidungsprozesse beschleunigt und die Produktivität gewaltig erhöht. Solch einen Betrieb aufzubauen, dauert üblicherweise anderthalb bis zwei Jahre, aber Cusacks Team schaffte es in einem halben Jahr und entwickelte in dieser Zeit sogar noch ein neues Flaschendesign.

Mary Cusacks Fazit: „Wir haben ein bis anderthalb Jahre eingespart. Das sind Kosten von zehn Millionen Dollar."

Ja, wir sind einem Irrtum aufgesessen. Wir haben gedacht, dass Aufrichtigkeit nur Ärger macht und Geld kostet. Das Gegenteil trifft zu.

Wie Erwartungen sich selbst erfüllen

Hinter den in der Wirtschaft üblichen Genehmigungs- und Kontrollverfahren für Ausgaben steht die Annahme, dass niemand sich ehrlich verhalten wird, wenn man die Ausgaben nicht genau überwacht. Ich gehe als Geschäftsführer des Secretan Center davon aus, dass jeder Mitarbeiter ehrlich ist. Wenn jemand Spesenabrechnungen vorlegt, fügt er oder sie einfach eine genaue Aufstellung der Posten bei, und der Betrag wird erstattet, fertig. Warum kann das nicht überall so einfach sein? Warum müssen Spesenabrechnungen in dreifacher Ausfertigung eingereicht und von mehreren Stellen geprüft und abgezeichnet werden?

Wenn bei uns jemand sagt, sie oder er brauche einen freien Nachmittag, um ein Kind zum Arzt zu bringen, fordern wir dafür keine Atteste oder andere „Beweismittel". Wir vertrauen unseren Mitarbeitern, und wir möchten, dass sie sich wohl fühlen. Wer sich

Sorgen um ein krankes Kind macht, wird nicht so produktiv oder loyal sein wie jemand, dem wir helfen, diese Sorge so schnell wie möglich loszuwerden. Ein Angestellter, der weiß, dass er das Vertrauen des Arbeitsgebers genießt, fühlt sich wohl und arbeitet mit Geistesgegenwart und Inspiration. Wir handeln also von vornherein nach der Devise: Wenn ein Mitarbeiter, dem wir vertrauen – also *jeder* Mitarbeiter – Zeit für persönliche Angelegenheiten braucht, dann soll er sie haben und nicht zu faulen Ausreden gezwungen sein.

Natürlich werden wir hin und wieder gefragt, ob dieses grundsätzlich bedingungslose Vertrauen nicht auch missbraucht wird. Nein, nach unserer Erfahrung wird ein wirklich auf Vertrauen gegründetes System nicht missbraucht. Wenn alle wissen, dass man ihnen für dringende Privatangelegenheiten so viel Zeit zugestehen wird, wie sie benötigen – weshalb sollten sie dieses System dann noch missbrauchen, flexibler kann es doch gar nicht sein? Und sie tun es tatsächlich nicht.

In einem inspirierten Team mit Sinn für das Ganze sind alle darauf bedacht, einander zu dienen und zu inspirieren. Mit Lügen schafft man das nicht, und deshalb wird in sehr produktiven Teams kaum gelogen. Jeder weiß hier: Wenn ich die anderen hinters Licht führe, schade ich mir selbst, denn wir sind eins.

Das liegt auch daran, dass wir im Leben meist das bekommen, was wir erwarten. Wenn wir von Menschen erwarten, dass sie uns aufrichtig, wahrheitsliebend und ohne Umschweife begegnen, werden wir genau solche Leute in unser Leben oder in unser Unternehmen ziehen. Dem passt die Unternehmenskultur sich mit der Zeit an, auch im Umgang mit Kunden und Lieferanten. In etwa zwei Prozent der Zeit, das ist meine Prognose, wird das Vertrauen sich als unangebracht erweisen, das heißt, es wird missbraucht. Das kann betrüblich und teuer sein. Aber es zahlt sich aus, immer in der Vorfreude auf die 98 Prozent zu leben – sich also auf unsere Stärken und nicht auf die Schwächen zu konzentrieren.

Vor einigen Jahren eröffnete in dem Viertel von Los Angeles, das „Little Venice“ genannt wird, ein Restaurant, das zunächst nicht florieren wollte. Die Inhaber überlegten, ob die Preise zu hoch seien, und beschlossen eine radikal neue Preispolitik. Auf der Speisekarte erschienen gar keine Preise mehr, und die Gäste wurden gebeten, das zu zahlen, was ihnen angemessen erschien. Der Durchschnitt der Rechnungssummen *stieg* daraufhin um 35 Prozent! Die Leute zahlten also mehr, als zuvor auf der Karte gestanden hatte. Vielleicht würden Sie so etwas nicht unbedingt erwarten. Aber wenn man davon ausgeht, dass die Menschen im Grunde lieber großzügig sind, dann werden sie es tatsächlich sein. Das nennt sich Intentionalität. Man bekommt, was man im tiefsten Herzen erwartet.

In Kleinburg, Ontario, gibt es ein kleines Gartencafé namens Mr. McGregor's House, benannt nach der gleichnamigen Gestalt in Beatrix Potters Geschichte von Peter Rabbit. Auch hier wird nach dem Vertrauensprinzip verfahren. Man bedient sich am Büffet mit Speisen und Getränken und geht damit ohne Stopp an der Kasse zu seinem Tisch. Niemand achtet darauf, wer wie viel nimmt. Nach dem Essen gibt man an der Kasse einfach an, was man verzehrt hat, und nach dieser Angabe wird abgerechnet.

Eine meiner Kolleginnen stand kürzlich hinter einem Mann, der zum ersten Mal dort war. Er fragte die Inhaberin des Cafés, die an der Kasse stand, ob die Gäste denn ehrlich abrechneten. Ja, lautete die Antwort, im Großen und Ganzen schon. Der Gast merkte an: „Da Sie noch im Geschäft sind, kann es wohl nur so sein." Die Inhaberin geht einfach von der Vertrauenswürdigkeit ihrer Gäste aus – und bekommt, was sie erwartet.

Wahrheit schadet wirklich nicht

Warum scheuen wir uns trotzdem so oft, die Wahrheit zu sagen? Weil wir gelernt haben, negative Reaktionen und Strafen zu erwarten? Wir bekommen nicht nur, was wir erwarten, sondern auch, was wir belohnen. Und wenn wir Unternehmen, Institutionen, Familien und eine Gesellschaft schaffen wollen, in denen Wahrhaftigkeit belohnt wird, müssen wir die Strukturen so umgestalten, dass sie zur Aufrichtigkeit ermuntern. Unaufrichtigkeit haben wir in allen Bereichen der Gesellschaft genug, und das Verschweigen der Wahrheit kommt sicher genauso häufig vor wie direkte Unwahrheiten.

Nancy Reagan erzählt in ihren Memoiren, wie der damalige Vizepräsident George H. Bush[16] ihr einmal sein Herz ausschüttete. Er mache sich Sorgen um Donald Regan, den Stabschef und engsten Mitarbeiter des Präsidenten, sagte Bush. „Warum sagen Sie das nicht meinem Mann, dem Präsidenten?“, fragte Nancy. Er habe Angst, seine Kompetenzen zu überschreiten, antwortete Bush.

„Das kann nicht sein“, gab sie zurück. „Auszusprechen, was Sie bewegt, ist genau Ihre Zuständigkeit.“

Eine Kultur der Wahrhaftigkeit in Unternehmen kann man dadurch erreichen, das man die Strukturen ändert, und zwar so, dass Mitarbeiter, die auf Kosten ehrlicher Kollegen lügen, nicht mehr belohnt werden. Das mag grundsätzliche Änderungen im Vergütungssystem, bei der Persönlichkeits- und Leistungsbeurteilung und in vielen anderen Abläufen erfordern. Dazu mag Einiges an Zeit und Energie notwendig sein, und man darf nicht über Nacht mit Ergebnissen rechnen. Da der Prozess aber auf eine Achtung der menschlichen Würde und der Heiligkeit der Seele hinauslaufen wird, kann er sich nur auszahlen – durch weniger Stress und krankheitsbedingte Ausfälle, weniger Mitarbeiterfluktuation und Kundenbeschwerden, was letztlich auch zu besseren Geschäftsabschlüssen führt. Das die höchsten Verantwortungsträger im Unternehmen jeweils mit dem besten Beispiel vorangehen, setzen wir als selbstverständlich voraus.

Wahrheit inspiriert

Lügner enttäuschen uns und machen uns traurig. Wir fürchten sie. Wahrheitsliebende Menschen dagegen inspirieren uns und tragen das Licht der Hoffnung in unser Leben. Sie zeigen uns, dass es nicht nur Niederungen, sondern auch Höhen gibt, die wir alle erklimmen könnten.

16 *George Herbert Bush war der Vater des heutigen US-Präsidenten George W. Bush. Er war von 1981 bis 1989 Vizepräsident unter Ronald Reagan, wurde 1989 selbst Präsident (bis 1993) und ist in Europa meist ohne Zusatz nur als „George Bush“ bekannt.*

Bernie Bredschneider, Highschool-Lehrer und Sporttrainer an der Mayfield Secondary School in Caledon, Ontario, hat ein Beispiel dafür erlebt. Er trainiert die Schwimmerinnen der Schule, die „Mayfield Mavericks", die schon zahlreiche Meistertitel nach Caledon holen konnten.

Im Winter 2005 trainierten die Mädchen eifrig für die landesweiten Schulmeisterschaften, die im März stattfinden sollten. Sie wussten, dass sie gute Siegchancen hatten, wenn sie mit vollem Einsatz und der richtigen Einstellung trainierten. „An diesen Meisterschaften nehmen rund 1.000 Jugendliche teil", sagt Trainer Bredschneider. „Für sie ist das eine große Sache. Das sind ihre Olympischen Spiele. Die Kids wollen zeigen, dass sie wirklich gut sind. Sie hängen sich voll rein, und wenn die Meisterschaft vorbei ist, wissen sie, dass sie ihr Bestes gegeben haben."

Im Finale des Staffelwettbewerbs am Abend des ersten Meisterschaftstages traten die Mädchen aus Bernies Team gegen die besten Mädchenteams anderer Schulen an. Es ging um die Goldmedaille im Staffelrennen, und es ging darum, wichtige Punkte für die Gesamtwertung bei diesen zweitägigen Meisterschaften zu sammeln. Dort hatte Bernies Team reelle Chancen, ganz oben mitzumischen.

Dann plötzlich, mitten in dieser Hochspannung, sprang eines der vier Mädchen der Schwimmstaffel einen Sekundenbruchteil vor dem Anschlag ihrer Vorgängerin ab. Das war der Alptraum schlechthin: ein Fehlstart! Im Mayfield-Lager ließen alle, die den Patzer gesehen hatten, ein gequältes Aufstöhnen hören. Spannung und Ungewissheit stiegen im weiteren Verlauf des Rennens ins Unerträgliche. Die letzte Mayfield-Schwimmerin schlug als erste an, aber was würden die Schiedsrichter sagen? Alle warteten atemlos auf die Entscheidung.

Sie hatten das Glück auf ihrer Seite. Bei acht Schwimmstaffeln in diesem turbulenten Rennen hatte nur einer der Schiedsrichter die Szene gesehen, und auch das nur mit halbem Auge. Die Schiedsrichter besprachen sich und befanden, keiner von ihnen habe einen so eindeutigen Regelverstoß bemerkt, dass eine Disqualifikation gerechtfertigt sei. Mayfield wurde der erste Platz zuerkannt.

„Das ist beim Schwimmen so“, sagt Bredschneider. „Du musst den Regelverstoß genau gesehen haben. Wenn du nicht sicher bist, solltest du gegen eine Disqualifikation entscheiden, und so war es hier.“

Aber Bredschneider, seine Assistenten und die Mädchen selbst wussten es besser. Sie waren so gut wie sicher, dass es ein Fehlstart gewesen war. So gut wie sicher?

„Zunächst hatten wir auch noch Restzweifel“, sagt Bredschneider. „Wenn du 25 Meter entfernt bist und nicht genau den richtigen Blickwinkel hast, kannst du dich irren. Aber später, als ich die Szene noch mehrmals vor meinem inneren Augen hatte ablaufen lassen, war ich mich ganz sicher, dass wir hätten disqualifiziert werden müssen.“

Nichts ist erhebender, als sich auf dem sicheren Stand der Wahrheit zu wissen.
Francis Bacon

Viele unter den Mavericks hätten sich gern an die Entscheidung gehalten und sahen diesen Schiedsspruch als ausgleichende Gerechtigkeit für ein Fehlurteil zu ihren Ungunsten an, das sie vor Jahren hatten hinnehmen müssen. „Wir waren schon mit eingezogenen Köpfen Richtung Ausgang unterwegs, um uns unauffällig davon zu schleichen, halbwegs bereit, den etwas faulen Sieg gelten zu lassen“, sagt Bredschneider.

Nur dass sie dabei einem der Schiedsrichter begegneten, der sich die Bemerkung nicht verkneifen konnte: „Na, da seid ihr ja gerade noch mal davongekommen.“

Bernie schlief in dieser Nacht nicht allzu gut. Während er an den Tag zurückdachte, wurde ihm klar, dass auf der Goldmedaille und dem Team-Banner für alle Zeiten ein Schatten liegen würde. Das machte ihn alles andere als froh. Am nächsten Morgen besprach er sich mit seinen Assistenten, und sie waren einstimmig der Meinung, man solle die Goldmedaille zurückgeben.

Beim Frühstück setzten die Trainer sich mit den vier Schwimmerinnen zusammen und eröffneten ihnen, dass die Staffel ihrer Überzeugung nach hätte disqualifiziert werden müssen. Sie schlugen den Mädchen vor, die Goldmedaille zurückzugeben, und die vier erklärten sich ohne große Diskussion einverstanden.

„Es gab keine abweichende Meinung", sagt Bernie. „Im Innersten wussten wir wohl alle, dass es die einzig richtige Entscheidung war."

Wie erwartet, wollten die Schiedsrichter ihre Entscheidung nicht revidieren. Bredschneider ließ sich davon nicht beirren, sondern bat die Trainer jener Staffeln, die auf den Plätzen zwei, drei und vier gelandet waren, zu einem Gespräch und teilte mit, Mayfield wolle die Goldmedaille zurückgeben, so dass die weiteren Staffeln je einen Platz aufrücken würden.

„Es gab erstaunte Blicke in der Runde", erinnert sich Bredschneider, „aber dann waren alle einverstanden. Danach haben wir die Meisterschaft wie vorgesehen zu Ende gebracht. Zwischen den beteiligten Schulen wurden freundliche Worte gewechselt, aber es wurde keinerlei Aufhebens um die Sache gemacht."

Irgendwie drang aber doch etwas zu einer großen Tageszeitung durch, dem *Toronto Star*, und die Redaktion schickte einen Reporter, um Bredschneider und sein Team zu interviewen.

„Die Reaktionen auf den Zeitungsbericht kann man nur erstaunlich nennen", sagt der Trainer. „Mehrere Monate lang bekam ich anerkennende Briefe und Anrufe, unter anderem vom Erziehungsminister und vom Premierminister Ontarios und von einem früheren Parlamentspräsidenten."

Die Mädchen der Schwimmstaffel bekamen lobende Worte vom Olympischen Komitee Kanadas und von mehreren Universitäten der Gegend zu hören und wurden als Ehrengäste zu einem Frühstück der Hilfsorganisation Horizons for Youth eingeladen. Auch aus Mayfield und den umliegenden Ortschaften und von vielen ehemaligen Schülern kamen Briefe und Anrufe.

Bernie Bredschneider konnte nur verblüfft zusehen, wie dieser simple Akt der Wahrhaftigkeit so viele Menschen begeisterte, die irgendwie davon erfahren hatten.

„Mich erstaunte vor allem, wie viele Menschen sich angesprochen fühlten und wie wichtig es ihnen war, sich darin mitzuteilen", sagt er. „Wir hatten ja einfach nur getan, was wir für richtig hielten, aber das schien frischen Wind in diese Welt des Sports zu bringen, in der man offenbar ganz selbstverständlich mit Egoismus und unfairem Verhalten rechnet."

Die vier Mädchen staunten noch mehr als Bernie, was er so interpretiert: „Ich glaube, in ihrer Jugend und Unschuld war es ihnen gar nicht schwer gefallen, ihrem ursprünglichen Impuls zu selbstlosem und richtigem Handeln zu folgen – so werden wir ja schließlich geboren. Erst die Reaktionen haben ihnen bewusst gemacht, dass sie etwas getan hatten, was für Erwachsene nicht selbstverständlich ist."

> Die Wahrheit ist immer fesselnd und aufregend. Also sag die Wahrheit. Ohne sie ist das Leben trüb und langweilig.
> *Pearl S. Buck*

Wir sind nicht getrennt, wir sind eins. Wenn wir unaufrichtig sind und uns sagen, dass es schon niemand merken wird, betrügen wir uns selbst. Die Wahrheit ist, dass Wahrheit inspiriert.

So gewinnen Sie Ihre Wahrhaftigkeit zurück

Wer unaufrichtig ist, hat sich von der Wahrheit entfernt und kann nicht eins mit ihr sein. Wie wollen wir dann führen und inspirieren? Das würde uns viel besser gelingen, wenn wir der Unaufrichtigkeit abschwören und den Geist des Einsseins achten könnten. Hier nun einige Gedanken, die Ihnen helfen können, Ihren Entschluss zu mehr Wahrhaftigkeit umzusetzen. Sie können ein Höchstmaß an Ehrlichkeit, das Sie bestimmt schon manchmal erreicht haben, gezielt einüben und zum Standard für Ihr weiteres Leben machen:

Grundgedanken für eine Kultur der Wahrhaftigkeit

- Auf einem Fundament von Falschheit kann man kein Team aufbauen.
- Wahrhaftigkeit ist der Grundstein aller guten Beziehungen. Sie schafft Verlässlichkeit und Beständigkeit und damit Vertrauen.
- Wahrhaftigkeit ist auch Liebe – und ihr Gegenteil ist das Gegenteil von Liebe.

- In Unternehmen und Organisationen ist Wahrhaftigkeit ein Wert *und* ein System.
- Wahrhaftigkeit braucht regelmäßige „Wartung".

Die Furcht vor der Wahrheit abbauen

- Wer die Wahrheit sagt, soll weder Strafe noch Nachteile fürchten müssen.
- Wir bringen die Wahrheit positiv zum Ausdruck, sie soll unterstützend wirken. Wir nehmen uns vor, niemals mit Wahrheiten zu verletzen.
- JETZT soll der Beginn unserer gegenseitigen Aufrichtigkeit sein. Was bisher war, zählt nicht mehr.

Einige Fragen als Wegweiser zur Wahrhaftigkeit

- Sagen wir einander die Wahrheit?
- Was kostet uns die Unwahrheit?
- Was brauche ich an Sicherheit, um die Wahrheit sagen zu können?
- Fühlen andere sich mir gegenüber sicher genug, um die Wahrheit zu sagen?
- Bin ich mir selbst gegenüber wahrhaftig?
- Kennen andere mich als einen, der die Wahrheit sagt?
- Kann ich mehr bewirken, wenn ich die Wahrheit sage?
- Begegne ich den Menschen aufrichtig, die mir am meisten bedeuten – meinen Angehörigen und Freunden?
- Liebst du mich so, dass du mir die Wahrheit sagen kannst?

Unterm Strich

Warum brauchen wir Wahrhaftigkeit?

Weil Wahrhaftigkeit Achtung und Liebe zwischen den Menschen entstehen lässt. Wir sind eins.

Arbeitsblatt

Inspirieren Sie sich zur Wahrhaftigkeit

Schildern Sie eine Situation in Ihrem Leben, in der Sie sich als besonders wahrhaftig erlebt haben – ein Erlebnis oder eine Zeit, in der Ihre Wahrhaftigkeit in Bestform war:

Beschreiben Sie etwas aus Ihrem gegenwärtigen Leben, das (wie Sie im Innersten wissen) besser laufen könnte, wenn Sie mehr Wahrhaftigkeit aufbringen würden. Sie verfügen über diese Wahrhaftigkeit, wie Sie in Ihrem Beispiel eben erst geschildert haben. Wie könnten Sie in der jetzigen Situation wieder zu dieser Wahrhaftigkeit finden?

Wahrheit ist.

Nur Unwahrheit muss erfunden werden.

Georges Braque

Kapitel

9

Liebe

Liebe ist für mich: wenn mein Herz dein Herz berührt und wir dadurch beide als Menschen wachsen. Wenn wir uns so von Herzen miteinander verbinden, ist das nicht Schwäche und bedeutet nicht, dass einer sich dem anderen „fügen“ oder irgendetwas „aufgeben“ müsste. Hier, im Einssein, kann jeder nur gewinnen.

Vertreter eines bewussten Führungsstils besitzen den Mut, bescheiden zu sein, zu verzeihen und zu lieben. Sie sind authentisch, inspirierend und effektiv, weil sie ihr Herz einsetzen, um auch bei anderen das Herz anzusprechen. In Beziehungen von Herz zu Herz liegen Weisheit und große Kraft. Sie inspirieren; in ihnen fühlen wir uns eins und gehen auch so miteinander um.

Zu lieben und geliebt zu werden, ist das größte Bedürfnis des Menschen, und auch aus diesem Blickwinkel muss es uns beunruhigen, wenn so viele Menschen mit Führungsverantwortung keine Verbindung mehr zu Mythos, Mysterium und Magie, also keine Verbindung mehr zu ihrem eigenen Herzen haben. Die Wiederentdeckung der Liebe könnte sie und andere inspirieren. Warum und wie sehr wir ganz besonders im Wirtschaftsleben unter Lieblosigkeit leiden und wie jeder von uns das Ruder herumreißen kann, soll in diesem Kapitel betrachtet werden.

Lieblosigkeit oder Zur Psychopathologie der Wirtschaft

Vor 20 Jahren schockierte mich der Leiter der größten psychiatrischen Einrichtung Kanadas mit der These, 30 Prozent der Spitzenmanager unserer Wirtschaft würden sich bei einer klinischen Untersuchung als „Soziopathen“ erweisen. Darüber musste ich unbedingt mehr in Erfahrung bringen, und ich stieß bald auf den Wirtschaftspsychologen Paul Babiak und den emeritierten Psychologieprofessor Robert D. Hare, deren Beschreibung für Psychopathie bei Managern unter anderem folgende Persönlichkeitsmerkmale enthält:

1. Wirkt auf den ersten Blick freundlich und charmant, aber aalglatt.
2. Weiß fast jedes Gespräch so zu lenken, dass es sehr bald um ihn und seine Themen geht.
3. Lässt andere in schlechtem Licht erscheinen, um die eigene Person herauszustreichen.
4. Belügt Mitarbeiter, Kunden und Geschäftspartner, ohne rot zu werden.
5. Betrachtet Menschen, die sich von ihm übertölpeln oder manipulieren lassen, als dämlich oder naiv.
6. Handelt opportunistisch; will auf keinen Fall unterliegen und greift bedenkenlos zu jedem Mittel.
7. Wirkt auf den zweiten Blick kalt und berechnend.
8. Schert sich nicht um Moral oder Anstand.
9. Hat in seiner Umgebung Seilschaften geknüpft, die er für seine persönlichen Zwecke benutzt.
10. Trifft ohne Skrupel Entscheidungen, die der Firma, den Aktionären oder den Beschäftigten schaden.

Halten Sie die These für unrealistisch, dass 30 Prozent der Führungskräfte in unserer Wirtschaft dieser Beschreibung entsprechen? Ich kann die zehn Punkte als treffende Charakterstudie manch eines Wirtschaftsführers lesen, vielleicht auch als Verhaltensprofil manch eines Großunternehmens. Ich gehe aber noch einen Schritt weiter. Ich wage die Frage, ob unsere Wirtschaft – gerade in der heutigen Zeit – nicht insgesamt dazu neigt, „soziopathische“ Züge solcher Art zu entwickeln.

Der zitierte Zehn-Punkte-Katalog listet jedenfalls Verhaltensweisen auf, die in mancherlei Hinsicht im praktizierten Trennungsdenken belohnt werden und hohes Ansehen genießen. Sie wirken insgesamt wie die Beschreibung einer Unternehmensstrategie, die ausschließlich ihren eigenen materiellen Nutzen sucht – im Shareholder-Value beispielsweise –, ohne jede Rücksichtnahme, ohne sich um den Schaden zu kümmern, den andere durch Umweltzerstörung, unsichere Beschäftigungslage, Sicherheits- oder Gesundheitsgefahren erleiden.

Ich verkenne nicht, dass Wirtschaftsunternehmen Gewinne erwirtschaften müssen. Und ich will keinesfalls unterstellen, dass alle Unternehmen oder alle Wirtschaftsführer verhaltensgestört agieren. Aber wo die oben aufgeführten Verhaltensweisen Anerkennung oder gar Bewunderung finden, können wenige das gesamte Arbeitsklima vergiften. Alles in allem bin ich überzeugt davon, dass Faktoren wie die Medien, unser Vergütungssystem, die Personalpolitik oder die gängige Managerausbildung die Tendenz zu psychopathischem Verhalten im Wirtschaftsleben begünstigen. Nirgendwo kann das Trennungsdenken besser wuchern als in solch einem Milieu.

Paul Babiak ist einst eher zufällig auf diesen Forschungsgegenstand gestoßen. Er war von einem großen Unternehmen in Colorado als Berater engagiert worden. Es haperte im mittleren Management, und Babiak sollte herausfinden, woran das lag. Das Team hatte ein neues Mitglied bekommen. Die Moral war nicht gut, und Konflikte gab es im Überfluss.

Babiak konnte die Zusammenhänge zunächst nicht durchschauen. Mitarbeiter des Unternehmens bezeichneten den Neuen im Führungsteam – einen wortgewandten Kerl, der auf den ersten Blick etwas Offenes und zugleich Zurückhaltendes hatte – als Kern des Problems. Aber Babiak selbst fand diesen Manager zunächst durchaus sympathisch, und er wusste, dass der Mann hervorragende Beurteilungen durch die oberste Führungsebene vorweisen konnte.

> Alles, was wir bei anderen ärgerlich finden, kann uns zum Verständnis unserer selbst führen.
> *C.G. Jung*

Ratlos wandte Babiak sich an Bob Hare. Der Professor schickte ihm eine „Psychopathologie-Checkliste“, die er nach seiner Forschungsarbeit mit Strafgefangenen entwickelt hatte. Nach der Lektüre dieser Checkliste ahnte Babiak, dass der fragliche Manager aus Colorado möglicherweise hinterhältig und manipulativ war, das aber mit Freundlichkeit und scheinbar sozialem Verhalten kaschieren konnte und auf diese Weise in dem Unternehmen mehr Einfluss – unguten Einfluss – gewonnen hatte, als ihm eigentlich zustand. Genau diese Hypothese erwies sich später als richtig.

Heute sympathisiert Babiak mit der von manchen geäußerten These, dass die gegenwärtige Phase rasanten Wandels in der Weltwirtschaft Menschen mit psychopathischen Zügen geradezu anzieht. „Der Psychopath hat kein Problem mit den Folgen rasanter Veränderungen, er lebt geradezu davon", sagt der Psychologe. Eine Phase, in der es für Spitzenmanager scheinbar nur noch um Fressen oder Gefressenwerden geht, komme der psychopathischen Sucht nach Nervenkitzel entgegen. „Und organisatorisches Chaos bietet Deckung für manipulatives Verhalten."

Belinda Board und Katarina Fritzon von der University of Surrey formulieren Ähnliches etwas humorvoller. Ihre empirische Studie führte zu dem Ergebnis, dass die befragten Führungskräfte noch mehr als Vergleichsgruppen von Kriminellen und Psychiatriepatienten zu einem vordergründig Gewinn bringenden Verhalten neigten. Dabei wirkten sie genauso großspurig, ausbeuterisch und wenig mitfühlend, aber noch egozentrischer, unaufrichtiger und manipulativer.

Die beiden Forscherinnen formulierten daraufhin die spitze These, dass es sich bei den Geschäftsleuten in ihrer Stichprobe um „erfolgreiche Psychopathen" und bei den Kriminellen um „erfolglose Psychopathen" handele – erfolglos vor allem deshalb, weil sie impulsiver waren und zu körperlich aggressivem Verhalten neigten.

Sie werden sicherlich mit mir darin übereinstimmen, dass die Zukunft unserer Wirtschaft und Gesellschaft nicht darin liegen kann, solche Tendenzen der Lieblosigkeit weiter voranzutreiben. Gehen wir lieber der Frage nach, wie wir zur Liebe zurück finden können.

Der Ursprung der Lieblosigkeit

Bei meiner Arbeit als Coach begegne ich häufig Männern (mitunter auch Frauen), die mir berichten, ihr Vater habe ihnen nie gesagt, dass er sie liebte. Diesen Männern fällt es jetzt wiederum schwer, zu ihren eigenen Söhnen „Ich liebe dich" zu sagen. Und so traurig es ist, viele von ihnen werden diese Worte ihr Leben lang nicht über die Lippen bringen. Sie haben zu viel Angst davor – Angst, sich ungeschützt und mit offenem Herzen zu zeigen, weil sie in ihrer Kindheit auf das Gegenteil getrimmt worden sind. Aber alle Kinder sehnen sich nach Liebe und dem Gefühl, angenommen zu sein. Deshalb versuchen vor allem Jungen, sich durch Leistung Anerkennung und Zuneigung zu verschaffen. Sie helfen im Haushalt und bemühen sich, auf irgendeinem Gebiet – Musik, Kunst, Sport, Studium – Leistungen zu erbringen wie ein Hund, der das Stöckchen apportiert. Viele mussten bitter erfahren, dass in ihren Elternhäusern nur dieses Verfahren funktionierte: Anerkennung durch Leistung. So bilden sich Muster, die ein Leben lang halten.

Ja, den Satz höre ich immer und immer wieder: „Mein Vater hat mir nie gesagt, dass er mich liebt." Dieser Schmerz ist wie ein bodenloses Loch in der Seele, ein Vakuum, das viele Menschen in Führungspositionen mit beruflichen Leistungen füllen wollen. Sie machen es als Erwachsene noch so, wie sie es in der Kindheit gelernt haben; sie haben nie ein anderes Verfahren kennen gelernt – es war das einzige, das einen gewissen Erfolg versprach. Unbewusst schaffen sie als Führungskräfte einen Rahmen, in dem sich die unbefriedigenden Erfahrungen ihrer Kindheit zwangsläufig wiederholen. Sie können andere nicht wirklich inspirieren, nicht wirklich von Herzen bewegen, sondern lassen Teams, Unternehmen und Staatsgebilde entstehen, die so schlecht und recht funktionieren wie sie selbst.

> Liebe ist die schwierige Einsicht, dass es noch andere Dinge gibt als dich selbst.
> *Iris Murdoch*

Es besteht aber die Chance, über diesen Schmerz hinwegzukommen und daran zu wachsen, statt das Muster endlos zu wiederholen. Die Geschichte wiederholt sich, weil niemand es wagt, wirklich in sein Inneres hinein zu hören. Maya Angelou hat gesagt:

„Die Geschichte mit ihrem ganzen unsäglichen Schmerz kann nicht ungeschehen gemacht werden, aber sie muss sich nicht wiederholen, wenn man sich ihr mutig stellt." Wenn es zu dieser Reifung kommt, können wir von einem Führungsstil der Angst zu einem Führungsstil des Herzens übergehen. Und dann werden wir mehr Liebe empfangen, als wir uns je hätten träumen lassen.

Dave Loney erzählt in seinem Buch *Sweating From Your Eyes: Emotional Fitness for Men* (Fresh Wind Press, 2005), dass er sich erstmals von seinem Vater wirklich geliebt fühlte, als dieser bereits 70 war. Da waren Vater und Sohn gemeinsam dabei, Bäume zu fällen, und Dave wurde von einem herabstürzenden Ast getroffen.

Er schreibt: „Halb ohnmächtig geworden nahm ich wie durch einen Schleier wahr, wie mein Vater zu mir lief. ‚David, o mein Gott, David! David! Mein David!', rief er aus. Am liebsten wäre ich ewig so liegen geblieben und hätte mich bewusstlos gestellt und weiter diesen Worten gelauscht, die seine Liebe sprach. Es war ein Augenblick des Heilwerdens. ... Zum Glück war mir nur kurz die Luft weggeblieben, weiter war ich nicht verletzt. ... Manchmal muss man erst von einem Baum getroffen werden."

Obwohl die Narben der schwierigen Beziehung zu seinem Vater erst mit der Zeit heilten, fasste Dave gleich einen Entschluss: Seine eigenen Kinder sollten in einem Umfeld von bedingungsloser Liebe und Achtung aufwachsen. Er und seine Frau haben drei erwachsene Kinder – gesunde, produktive, beziehungsfähige und emotional fitte Menschen, denen nicht erst Bäume auf den Kopf fallen müssen, bevor sie ihren Vater einmal ganz direkt sagen hören, wie sehr er sie liebt.

> Durch Freundlichkeit ist noch kein freies Volk je verweichlicht worden. Ein Land braucht keine grausame Härte, um stark und ausdauernd zu sein.
> *Franklin D. Roosevelt*

Ein liebevoller Mensch zu sein und jemandem auch zu sagen, dass man ihn oder sie liebt, verlangt Mut – mehr Mut, als man braucht, um andere einzuschüchtern und unter der Knute der Angst zu halten.

Aufbruch zum bewussten, liebenden Führungsstil

Angst ist in unserer Gesellschaft das Mittel der Wahl, mit dem man sich andere gefügig macht, eine Art „Betriebssystem" für die unterschiedlichsten Zwecke: Marketing, Betriebsführung, Politik, Bildung, Gesundheitswesen, Kindererziehung, Religion. Auf vielen Feldern haben wir uns angewöhnt, nur noch die Peitsche zu schwingen und das Zuckerbrot wegzulassen. Aber es gibt mehr als diese eine Möglichkeit, zu handeln und anderen Ansporn zu bieten. Manches tun Menschen, weil sie unangenehme Folgen befürchten, wenn sie es unterlassen; anderes tun wir, weil wir es gern tun. In dem einen Fall überwiegt das Trennende – Angst –, im anderen das Einigende, Liebe.

Die Wörter „Seele" und „Liebe" sind vielen Menschen eher peinlich. Sie scheuen sich, diese Begriffe überhaupt zu gebrauchen, weil ihre Erziehung ihnen unterschwellig etwas mitgegeben hat, das ungefähr so lautet: „Wenn ich Liebe zum Ausdruck bringe oder von Seele spreche, werden die Leute mich für einen Schwächling oder Spinner halten, jedenfalls nicht für entschlossen, zielstrebig und stark."

Dieses Denken speist sich jedoch aus dem Irrglauben, Mut und Stärke lägen in Aggression (Getrenntheit) und ein behutsames, freundliches Vorgehen (Einssein) beweise Schwäche. Wer meint, Aggression sei immer das beste Verfahren, ist von Haus aus feige. Wie die Irokesen sagen: „Sanftmut ist die größte Stärke."

Unser Verhalten ist natürlich auch kulturbedingt. Richard A. Nisbett beschreibt in seinem Buch *The Geography of Thought: How Westerners and Asians Think Differently – and Why* (Free Press, 2004), dass westliches Denken mehr die Einzelnen und ihre Individualität (Getrenntheit) im Blick hat, während im östlichen Denken die Beziehungen zwischen den Einzelnen (die Ganzheit) im Vordergrund stehen. Das erklärt zum Teil das wachsende Interesse westlicher Führungseliten an östlicher Philosophie.

Robert Stiller, Vorstandsvorsitzender einer großen Kaffeerösterei, gehört zu jenen Managern, die den Wert der Meditation erkannt haben. Im Verwaltungsgebäude des Unternehmens in Waterbury, Vermont, gibt es schallgeschützte Räume, in denen die

Angestellten sich zu Entspannungs-, Visualisierungs- und Atemübungen anleiten lassen können. Stiller selbst meditiert seit den siebziger Jahren und dachte sich, es könnte auch für die Mitarbeiter effizient sein, wenn sie ab und zu gar nichts tun.

> Selbst wenn Meditation nicht immer verhindern kann, dass wir uns verschließen, wird sie verhindern, dass wir das unbewusst tun. Wir werden bemerken, dass wir uns verschließen. Das allein genügt, um allmählich Licht ins Dunkel der Unwissenheit zu bringen.
> *Pema Chödrön*

„Die besten Einfälle kommen einem ja oft, wenn man ganz entspannt ist, zum Beispiel unter der Dusche“, sagt Stiller. „Meditation schafft den Raum, in dem das passieren kann.“

Die Angestellten beobachten bei sich mehr Energie und Konzentrationsfähigkeit, und wenn nötig werden sie den östlichen Ansatz sicher um den westlichen ergänzen können – mit einer Tasse Java-Kaffee.

Wie Liebe das Ego und seine Urteile aus dem Feld schlägt

Die Marketing-Expertin Paula Rosario leitet ein internationales Marktforschungs- und Promotions-Unternehmen in New York. Da sie im Herzen eine Vertreterin des dienenden Führens ist, begann sie sich für Coaching zu interessieren und wandte ihr Talent als Coach zusammen mit ihrer Fähigkeit, andere zu begeistern, bei den eigenen Mitarbeitern an, um sie auf Gebieten wie Kommunikation und Selbstmanagement zu unterstützen. Schnell bemerkte sie dabei, wie das Ego die Kommunikation von Herz zu Herz stören kann, wenn wir uns zu Urteilen über andere hinreißen lassen. Was auch bedeutet: wenn wir sie nicht lieben.

Als besonders schwierig empfand Paula die Zusammenarbeit mit einer ihrer Angestellten, die sie als sehr von ihrem Ego bestimmt wahrnahm. Sie teilte die Ansichten und Wertvorstellungen dieser Frau nicht und litt daran, dass sie ihr nicht mit echter Freundlichkeit begegnen konnte. Sie wusste, dass sie als Chefin und als Coach noch weit vom Ziel entfernt war, wenn sie es nicht schaffte, jenseits der kantigen Persönlichkeit auf einer tieferen Ebene mit dieser Frau zu kommunizieren.

Paula nahm sich vor, bei der nächsten Coaching-Sitzung ihr *eigenes* Ego auf ganz kleine Flamme zurückzudrehen und auf der Herz-Ebene zu dieser neuen Kollegin Kontakt aufzunehmen. „Ich wusste, dass es in der Tiefe mehr Übereinstimmung zwischen Menschen als Trennendes gibt", sagt Paula. „Ich gab mir ganz bewusst Mühe, diesen Ort der Einheit zwischen uns zu finden."

> Wenn du Menschen beurteilst, bleibt dir keine Zeit, sie zu lieben.
> *Mutter Teresa*

Und siehe da: Diese Entscheidung änderte alles. Die in der Luft liegende Spannung zwischen den beiden Frauen war wie weggeblasen – und stellte sich danach immer nur kurz wieder ein, wenn Paulas Gedanken in Richtung Beurteilung gingen, statt bei Verständnis und Mitgefühl zu bleiben. Das sei wie ein Tanz gewesen, sagt Paula: Immer wenn sie urteilend auf die andere zuging, wich diese zurück; näherte Paula sich offenen Herzens, kam die andere ihr entgegen.

Paula sah klar, dass sie alle vorgefassten Meinungen über die Kollegin ablegen musste, um ihr liebevoll begegnen zu können. „Das tat ich", sagt Paula, „und ich konnte nur staunen, wie viel besser ich mich jetzt in sie einzufühlen vermochte. In diesem Mitfühlen konnte ich ihr sogar andere Arbeits- und Verhaltensweisen nahe legen, ohne sie zu verletzen."

Paula beschloss außerdem, die Kollegin in Pläne für neue Projekte einzubeziehen und sie in eigene Gedanken und Visionen für das Unternehmen einzuweihen, und damit öffnete sich ihnen das ganze Feld schöpferischer Kommunikation. Dabei wurde die Kollegin immer aufgeschlossener für Paula und generell für die Gedanken und Meinungen anderer. Aus der immer besseren Kommunikation entstand Vertrauen, und aus Vertrauen Achtung.

Paula verfolgte, wie die Kollegin sich bei der Arbeit immer mehr engagierte und einbrachte, und sie erlebte dabei selbst einen tiefen Heilungsprozess, der heute noch anhält. Sie weiß jetzt: Wenn wir liebevoll und herzlich auf andere eingehen, sehen wir mehr das Einigende als das Trennende und können alle äußeren Differenzen beiseite legen – sie werden bedeutungslos.

Wir alle können aus Paulas Erfahrung lernen. Wir müssen andere nicht mögen, um sie zu lieben, aber als bewusst Führende sollten wir das Heilige in jedem anderen sehen können – das, was uns lockt, über Ego und Person, über Archetypen und Rollenmuster wie den Krieger oder den tyrannischen Chef hinauszublicken und die Seele des anderen wahrzunehmen. In dieser Haltung ist das Wohlergehen anderer uns ein natürliches Anliegen. Wir haben den Wunsch, ihnen in jeder uns möglichen Weise zu helfen und zu dienen.

„Helfen" ist nach „lieben" das schönste Verb der Welt.
Bertha von Suttner

Multitasking lässt keine Glanzleistungen zu

Bei allem, was die Technik an echtem Fortschritt auf dem Gebiet der Kommunikation mit sich bringt, kann sie auch echte Nähe verhindern, wenn wir uns zu sehr von der Technik selbst faszinieren lassen und nicht mehr auf ihren eigentlichen Zweck blicken, nämlich Einheit zu schaffen. Technikbegeisterung kann dazu führen, dass wir die Menschen in unserer Umgebung nicht mehr richtig wertschätzen, dass wir vergessen, unsere Zuneigung dadurch zu zeigen, dass wir ganz für sie da sind. Wenn wir uns auf einen Teufelspakt mit der Technik einlassen und unser Leben mit all den technischen Belanglosigkeiten voll stopfen, verdrängen wir die Langsamkeit aus diesem Leben und damit die Chance, unsere eigene Seele und die Seele anderer zu hören. Liebevolles Beisammensein gibt es dann immer weniger.

Jemandem wirklich zuhören und dabei noch etwas anderes tun – das geht einfach nicht.
M. Scott Peck

Wenn wir uns allzu sehr auf die Erledigung des täglichen Kleinkrams ausrichten, haben wir kaum noch Zeit, das Einssein mit anderen zu suchen und den wirklich wichtigen, Nähe schaffenden Fragen nachzugehen. Dann schleppen wir uns zur Arbeit, zur Schule, zu all dem, was die Elternrolle uns abverlangt, und unser Herz bleibt zurück. Wir sind erschöpft, für das Wesentliche im

Leben ist kein Fünkchen Energie mehr da – wie wollen wir von dieser dunklen Leere aus noch unsere Liebe zueinander und zur Welt leben. Wie wollen wir die tiefe Sehnsucht der Seele nach tiefen Beziehungen erfüllen?

Wer von dieser Müdigkeit zur Inspiration zurück finden will, wird Mut, Energie und Kreativität brauchen und sich tiefere Ressourcen erschließen müssen. Die Fähigkeit zum Multitasking beispielsweise, die von vielen als angebliches Qualitätsmerkmal zur Schau getragen wird, blockiert Inspiration und führt zu mittelmäßigen Ergebnissen. Wenn Sie je erlebt haben, dass jemand mit Ihnen spricht und nebenbei seine E-Mails bearbeitet, werden Sie wissen, was ich meine. Wer viel auf einmal tut, wird das meiste nur so einigermaßen hinbekommen. Multitasking schafft Trennung und macht Tiefe, Brillanz und Nähe so gut wie unmöglich, und es fügt dadurch unserer Begeisterungs- und Liebesfähigkeit enormen Schaden zu. Da könnten wir unsere E-Mails doch auch während eines Konzertes checken (was ich schon gesehen habe) und vielleicht sogar beim Liebesakt (was ich noch nicht gesehen habe).

In manchen Unternehmen wird das so genannte „Overburdening" praktiziert: Man trägt den Mitarbeitern mehr Arbeit auf, als sie schaffen können, und zwar in der irrigen Annahme, sie würden dabei zur Bestform auflaufen. So entsteht eine Atmosphäre wie im Dampfdrucktopf, die zu immer mehr Multitasking führt. Die Folgen sind schlampige Arbeit, in der die Betroffenen immer weniger Sinn sehen oder Befriedigung finden.

Wirklich gute Arbeit leistet nur, wer seine Tätigkeit liebt; sie ist seine Passion, er ist eins mit ihr. Wenn wir in irgendetwas so gut sein wollen, dass unsere Leistung uns erfüllt und begeistert, müssen wir die Möglichkeit haben, uns immer nur einer Sache ganz und liebevoll zuzuwenden und sie optimal auszuführen, statt vieles gleichzeitig und alles bestenfalls halb zu tun. Im Umgang mit Menschen geht das am besten, wenn wir all unsere Kraft und Konzentration sammeln, uns Zeit nehmen, uns in den anderen einfühlen und dienen. Damit machen wir ein seltenes und kostbares Geschenk: ungeteilte liebevolle Zuwendung.

Das Schöne an echter Begeisterung ist, dass sie in allen Bereichen des Lebens spontan aufblühen kann, in der Unternehmensführung, in der Regierung, in Bildungswesen, Medien, Religion und Gesundheitswesen ebenso wie in allen Gruppen und Beziehungen, die unser privates Leben ausmachen. Das ist so, weil Begeisterung der heiligen Mitte in uns allen entspring, dem Geist der Liebe. Wir alle sehnen uns danach zu lieben – die Menschen in unserem Leben ebenso wie die Arbeit, die wir tun.

Der Mut zu lieben

Beziehungen zu unterhalten, die auf Liebe und Begeisterung beruhen, verlangt Mut, Stärke und Engagement. Gandhi hat gesagt: „Liebe ist das Vorrecht der Mutigen." Es braucht Mut, unseren Kollegen zu sagen, wie sehr wir ihre Arbeit schätzen und mit welcher Begeisterung wir diesem Team oder diesem Unternehmen angehören. Genau das ist es aber, was die Menschen inspiriert. Überall im Leben brauchen wir Liebe, bei der Arbeit ebenso wie im Privatleben. Wir sind Menschen, nicht Arbeitsmaschinen oder bloße Funktionsträger, die ihr Bedürfnis nach Liebe zu Hause lassen, wenn sie in den Betrieb gehen. Wir sind eins.

Angst ist das seelische, emotionale und spirituelle Gegenteil von Liebe. Niemand wird von Angst inspiriert. Vielleicht motiviert, aber nicht inspiriert. Was uns inspiriert und begeistert, entspringt der Liebe, ausnahmslos. Nichts im Leben, was uns inspiriert, kommt ohne Liebe daher. Wenn ein Sonnenuntergang Sie inspiriert, dann weil Sie Sonnenuntergänge lieben und sich eins mit dem Mythischen, Mysteriösen und Magischen der untergehenden Sonne fühlen. Wenn ein Mensch Sie begeistert, lieben Sie diesen Menschen und fühlen sich eins mit ihm. Begeisterung wächst, wo Liebe ist.

Vor einiger Zeit feierten wir unsere zweijährige Zusammenarbeit mit einem großen Unternehmen. Während des Empfangs, an dem Hunderte teilnahmen, trat der Vorstandsvorsitzende des Unternehmens zu mir aufs Podium. Zum Abschluss unserer Zusammenarbeit und als Symbol dafür, dass die Firma jetzt in allen Belangen, auf die sich unsere Beratertätigkeit erstreckt hatte, auf eigenen Beinen stehen konnte, wollte ich ihm eine brennende Kerze überreichen – die Weitergabe des Lichts sozusagen. Wir hatten einander kennen und schätzen gelernt, und als wir jetzt aufeinander zugingen, sagte ich: „Joe, ich liebe dich."

Urplötzlich herrschte vollkommene Stille. Den einen verschlug der Umstand, dass so etwas öffentlich gesagt werden konnte, den Atem, die anderen staunten über die schlichte Selbstverständlichkeit des Augenblicks. Das ist in unserer Kultur so nicht vorgesehen: zwei Männer auf einem Podium, die ihre gegenseitige Liebe formulieren und jedes Wort genau so meinen, wie sie es sagen. Alle fanden das ungewöhnlich; aber kaum jemand fand es ungehörig, wie wir schnell bemerkten. Es war eigentlich nichts dabei. Wenn wir Menschen wirklich inspirieren wollen, sollten wir ihnen auch sagen, dass wir sie lieben.

Lieben und geliebt werden ist wie Sonne von beiden Seiten.
David Viscott

Joe ist inzwischen Geschäftsführer eines dreimal so großen Unternehmens, aber wir sind immer noch gute Freunde – wir lieben einander und sagen es. Liebe inspiriert alle, die sie berührt.

In vielen Situationen sehen wir klarer, wenn wir uns angewöhnen zu fragen:

- Was liebe ich an dieser Situation?
- Wie kann ich mit dieser Situation liebevoller umgehen?
- Was würde ein Mensch, der ein liebendes Herz hat, jetzt tun?

Denken Sie daran: Liebe kann in den alltäglichsten Begegnungen zum Ausdruck kommen. Stellen Sie sich vor, Sie sitzen in einem Restaurant, und die Kellnerin begrüßt Sie mit folgenden Worten: „Dieses Restaurant hat den Wunsch, Sie zu begeistern. Wenn Sie wieder gehen, möchten wir, dass Sie sich inspirierter und mehr geliebt fühlen als vorher. Bitte kreuzen Sie auf dieser Karte den jetzigen Grad ihrer Inspiration an. Unser Ziel ist es, Sie mindestens zwei Punkte höher zu bringen. Wie kann ich dieses Abendessen zu einem inspirierenden Erlebnis für Sie machen?"

Würde so etwas die Stimmung nicht augenblicklich heben, die Gedanken beflügeln, die Lebensgeister wecken? Vielleicht wächst sogar das Trinkgeld. Wenn wir diese Haltung am Arbeitsplatz, in unseren Kirchen, Schulen, Krankenhäusern und Familien zur Regel machen könnten, was wäre dann nicht alles zu erreichen! Liebevoll auf andere zugehen: Das dürfte der alles entscheidende

Schritt sein, wenn wir inspirierende Beziehungen knüpfen wollen – zwischen Politikern und ihren Wählern, zwischen Lehrern und Schülern, Lieferanten und Kunden, Geistlichen und Gemeindemitgliedern, Führenden und Geführten, Coaches und Klienten, Männern und Frauen, Eltern und Kindern.

Wie Liebe inspiriert: Eine himmlische Geschichte

Scott Simmie, Reporter der Zeitung *Toronto Star*, war mit Flug 792 der Air Canada von Los Angeles nach Toronto unterwegs, als ihm auffiel, dass Flugbegleiterinnen sämtliche Gepäckfächer der Passagiere kurz öffneten und hineinschauten. Irgendetwas musste los sein. Einige Minuten später klärte eine Durchsage auf, worum es ging. Eine der Stewardessen, die zuvor Getränke ausgegeben hatte, wandte sich an die Fluggäste. Ihre Geldbörse mit den Einnahmen aus dem Getränkeverkauf sei verschwunden, sagte sie: „Bitte seien Sie so freundlich, sich in der Umgebung Ihres Sitzes umzusehen. Ich bin allein erziehende Mutter und muss für den Verlust persönlich geradestehen."

Beobachte einen wirklich glücklichen Menschen, und du wirst ihn sehen, wie er ein Boot baut, eine Sinfonie komponiert, sein Kind erzieht, Dahlien züchtet oder in der Wüste Gobi nach Dinosauriereiern gräbt. Er ist nicht auf der Jagd nach Glück, als wäre es ein abgesprungener Kragenknopf, der unter den Schrank gerollt ist. Glück ist ihm kein Ziel in sich selbst. Er weiß sich die ganzen 24 Stunden seines mit vielen Dingen gefüllten Tages hindurch glücklich.

W. Beran Wolfe

Alle Blicke wandten sich von den Bildschirmen ab und tasteten suchend den Boden ab. Einige Zeit verging, aber die Geldbörse tauchte nicht auf. Da fand ein junges Paar in Reihe 16 es an der Zeit, die Initiative zu ergreifen. Sie starteten eine Sammlung unter den Fluggästen, um die verschwundenen wohl 200 Dollar zu ersetzen.

„Nein, bitte“, stammelte die Stewardess, den Tränen nahe. „Das ist wirklich nett von Ihnen, aber ich kann doch nicht ...“

Die beiden jungen Leute überhörten die Einwände einfach. „Hört mal, Leute“, riefen sie durch die Maschine, „die Flugbegleiterin hat ihr Geld nicht gefunden, und wir würden gern eine Sammlung machen. Wer irgendetwas dazutun möchte, herzlichen Dank!“

Das ließen die Passagiere sich nicht zwei Mal sagen. Sie schickten Fünf-, Zehn-, ja 20-Dollar-Scheine von Hand zu Hand den Gang entlang zu den netten jungen Leuten, die die Idee gehabt hatten. Kurz darauf konnten sie der Flugbegleiterin ein anständiges Bündel Banknoten aushändigen.

„Was zuviel ist, können Sie natürlich an eine karitative Einrichtung Ihrer Wahl weitergeben“, fügten sie hinzu.

Jetzt wirklich den Tränen nahe und überwältigt von Dankbarkeit über so viel freundliches Entgegenkommen, griff die Flugbegleiterin schließlich zum Mikrofon und sagte mit halb erstickter Stimme:

„Ich bin ziemlich durcheinander, wie Sie sehen oder hören. Ich weiß gar nicht, was ich sagen soll – so viel Freundlichkeit. Ich möchte jedem einzelnen von Ihnen wenigstens ein kleines Dankeschön sagen. Dass hier so ein Geist herrscht, bei so vielen von Ihnen... Ich bin überwältigt.“

Nach einer kurzen Pause schloss sie: „Ich wünsche Ihnen allen das Allerbeste, überall, jederzeit.“

Ein ganz gewöhnlicher Flug mit einer außergewöhnlichen Erfahrung, die niemanden unberührt ließ, auch den Piloten nicht, der nicht mit Anerkennung für die spontane Aktion sparte. Der Flug wird wohl allen Beteiligten unvergesslich bleiben und auch der Frau, die das Geld bekam, etwas Wichtiges mitgeteilt haben. Wo das verschwundene Geld geblieben ist, konnte nicht geklärt werden; ich hoffe einfach, dass die Woge der Hilfsbereitschaft irgendwie auch den Dieb und sein Gewissen erfasst hat. Wie Scott Simmie später in seinem Artikel schrieb, hat dieser Flug „bei irgendwem das Schlechteste, aber bei vielen anderen das Beste zum Vorschein gebracht“.

Liebe hat die Kraft zu inspirieren und Inspiration lawinenartig anwachsen zu lassen – das junge Paar in Reihe 16 und die weiteren

Ereignisse beweisen es. Kaum einer unter den Fluggästen kannte den anderen, und doch konnten alle Verbindung von Herz zu Herz aufnehmen. Am Himmel über Amerika schienen alle sich plötzlich an unser Einssein als Menschen zu erinnern, und dann hatten Liebe und Mitgefühl freie Bahn. Scott Simmie fand, dass er darüber unbedingt schreiben müsse, um die Inspiration an Tausende Leser weiterzugeben. Später fand der Artikel sich in Blogs und auf von Flugpersonal frequentierten Websites im Internet wieder. Er gehörte zeitweilig zu den am häufigsten per E-Mail weiter versandten Artikeln, und auf diese Weise ist die kleine Woge der Inspiration vermutlich um die ganze Welt gerollt.[17]

Es ist einfacher, als wir denken

Manchmal machen wir die Dinge viel zu kompliziert. In den vergangenen Jahren sind viele intellektuelle Bücher darüber geschrieben worden, wie wir Sinn, Erfüllung und Inspiration finden können. Vorher war die Botschaft über viele Jahrhunderte – im I Ging, im Tao-te-king, in der Bhagavad-Gita, in der Thora, in den buddhistischen Sutras, in der Bibel und im Koran – sehr einfach gewesen: Wir sind eins, liebt einander!

Inspiration beginnt nicht mit Selbstliebe, sondern mit der Liebe zu anderen. Eines der Klischees unserer Zeit lautet, dass man zuerst sich selbst lieben müsse. Das scheint mir typisch für unsere narzisstische Zeit zu sein. Kaum denkbar, dass einer der großen Lehrer der Geschichte je gesagt hätte: „Ich muss zuerst mich selbst lieben." Liebe handelt nicht von mir und meinem Ego. Liebe zu anderen hängt nicht davon ab, dass man zuvor sich selbst liebt. Genau anders herum: Je mehr wir andere lieben und ihnen dienen, desto größer wird auch unsere Liebe zu uns selbst, und desto mehr Liebe empfangen wir von anderen.

Viele selbsternannte Experten haben uns empfohlen, uns zuerst selbst zu lieben, und Legionen von Therapeuten haben wir in den vergangenen Jahrzehnten bemüht, um das zu lernen – ohne Erfolg. Offenbar ist das wirklich nicht der beste Weg zum Glück,

17 *„On Flight 792. A Miracle at 35.000 Feet", in* Toronto Star*, 8. Oktober 2004.*

geschweige denn zur Erleuchtung. Nicht ich, sondern die anderen – darum geht es in der Liebe. Lieben ist ein Verb, es ist das spontane Handeln in Reihe 16, wo zwei Herzen Liebe zu einer Flugbegleiterin empfanden und danach handelten. Ich sage nicht, dass wir unsere eigenen Bedürfnisse dem Bemühen, andere zu lieben und anderen zu dienen, opfern sollen. Ich sage: Was wir uns an Sinn, Selbstachtung und Liebe im Leben wünschen, werden wir am ehesten bekommen, wenn wir erst anderen genau dazu verhelfen; sie werden so gut wie immer den Wunsch haben, es uns in gleicher Weise zu vergelten. Und wenn es einmal nicht so ist (was, wie ich erwähnt habe, in zwei Prozent der Zeit sein kann), dann steht es uns frei, diese Vorfälle ganz gelassen zu sehen als etwas, das einfach zum Leben gehört – wie der Zen-Meister, der seine Kleidung weggab –, anstatt unser Leben von Anfang ganz auf solche Ausnahmen abzustellen.

Lieben ist kein Programm, sondern eine Lebensweise

Wie man andere lieben kann, lernt man dadurch, dass man es tut. Vancity ist ein bemerkenswert erfolgreiches Unternehmen und eines von ganz eigener Art – nicht ganz Bank, aber mehr als eine Sparkasse (rechtlich gesehen handelt es sich um eine Genossenschaft). Von sich selbst sagt dieses Unternehmen, es habe eine Hand im Boden und die andere in den Sternen – tief verwurzelt und weit ausgreifend. In diesem Satz verbinden sich mehr als sechs Jahrzehnte Firmengeschichte (verwurzelt) und ein innovativer Blick in die Zukunft (ausgreifend) auf kleinstem Raum zu einem Bild der Unternehmenswerte: sicher, bodenständig und vernetzt, aber auch nach Höherem strebend, visionär und florierend.

Vancity befindet sich im Besitz der Kontoinhaber und anderer Kunden und folgt einem für eine Bank recht ungewöhnlichen Credo:

Wir glauben, dass Menschen im Grunde gut sind.

Wir glauben, dass Träumer so einzigartig sind wie ihre Träume.

Wir glauben, dass man in die Tiefe gehen muss, um mehr Höhe zu gewinnen.

Wir glauben, dass Ausgewogenheit in allen Dinge das wahre Maß des Wohlstands ist.

Wo du auch stehst, um was es auch gehen mag – wir glauben, dass du es kannst.

„Wenn das, woran wir glauben, mit dem übereinstimmt, was wir sind, wachsen die Dinge", sagen sie bei Vancity, denn das ist der natürliche Lauf des Lebens in einer verwurzelten und ausgreifenden Organisation, die nichts als unmöglich ansieht. Und das ist bei Vancity auf allen Ebenen, in allen Abteilungen das zentrale Anliegen: Dinge wachsen zu lassen – Menschen, Ideen, Hoffnungen, Finanzen, Lebensräume und die Träume der Vancity-Mitglieder. Hinter diesem Konzept erkennen wir leicht eine Philosophie des Einsseins.

Träumen, nach den Sternen greifen, das Gute im Menschen: Manch einer wird so etwas als Unternehmensstrategie für hoffnungslos naiv halten. Aber die Zahlen sprechen für sich. Vancity ist Kanadas größte Genossenschaftsbank: 10,5 Milliarden Dollar in Aktiva, mehr als 300.000 Mitglieder, 2.000 Angestellte, 42 Niederlassungen im Raum Vancouver und in British Columbia. 2004 spendete Vancity 13,5 Millionen Dollar an örtliche Gemeinschaftseinrichtungen, unglaubliche 30 Prozent des Ertrags.

In vielen Firmen wird davon geredet, wie wichtig die Mitarbeiter seien, aber wenige verhalten sich entsprechend. Bei Vancity bekommen die Angestellten vom ersten Jahr an mehr Urlaub, als in Kanada in der Branche üblich, dazu zinsgünstige Darlehen, Ausbildungsbeihilfen und Fahrtkostenzuschüsse. Nicht in Anspruch genommene Sozialleistungen können gegen zusätzliche Urlaubstage eingetauscht werden. In der Hauptverwaltung gibt es Meditationsräume, Stillräume für Mütter und eine von Angestellten betreute Bibliothek. Ein Teil des Gewinns wird als Prämie auf die Mitarbeiter aufgeteilt. Mike Harris zum Beispiel, 27 Jahre alt, arbeitet in der Hauptstelle am Empfang und weist Besuchern den Weg zu ihrem Ziel. Seine jüngste Prämie entsprach 16 Prozent seines Jahresgehalts, womit er die Hälfte der Anzahlung für sein neues Haus bestreiten konnte. 2003 gingen bei Vancity mehr als 12.000 Bewerbungen ein, und 2005 wählte die Zeitschrift *Maclean's* die Bank zum besten Arbeitgeber Kanadas.

Die schlichte Wahrheit für uns alle lautet, dass wir am glücklichsten sind, wenn wir geliebt werden. Viele Führungskräfte vom alten Schlag werden hier die Augen verdrehen, aber die Menschen sehnen sich heute danach, auch bei der Arbeit zu lieben und geliebt zu werden. Und die Vertreter des bewussten Führungsstils, die nicht die Augen verdrehen, steigen auf diese Wirklichkeit ein – zum Segen ihres Unternehmens.

So wie Vancitys Vorstandschef Dave Mowat. Er sagt: „Wenn Sie glauben, der Begriff ‚glückliche Menschen' sei Firlefanz oder Gefühlsduselei, dann wird sich das in den Bilanzen ihres Unternehmens unangenehm niederschlagen. Es ist einfach nicht zu bestreiten, dass umso mehr Geld hereinkommt, je besser die Moral Ihrer Mitarbeiter ist. Wenn die Menschen einbezogen werden, wächst Vertrauen, weil sie glücklich sind. Und sie bieten besseren Service, weil sie an den Kunden interessiert sind."

Ich wäre gern ein
Könnte-sein,
wenn ich kein Ist sein
kann.
Denn Könnte-sein ist
ein Vielleicht,
das mutig nach den
Sternen greift.
Viel lieber wäre ich
ein War
als ein Hätt'-wohl-
sein-können.
Ein Hätte ist ja nie
gewesen,
ein War hat einst das
Ist geseh'n.
Milton Berle

Auf dem Posten eines Bankdirektors ist Mowat gewiss eine etwas ungewöhnliche Besetzung. Er *liebt* Menschen. Wenn er zuhört, will er tatsächlich *hören*. Er hört zu, weil er möchte, dass die Menschen sich gehört und geliebt fühlen. Kurz nachdem er seine leitende Funktion bei Vancity übernommen hatte, sorgte er dafür, dass alle Mitglieder der oberen Führungsebene ein Mal pro Quartal jede Zweigstelle und die Hauptstelle besuchen müssen, um genauso zuzuhören, wie er es tut. Auch damit schuf er eine Unternehmenskultur von verlässlicher, gleich bleibender Güte. Er legt Vorschriften zu Gunsten der Angestellten aus und lobt sogar Misserfolge, wenn sie als erwünschte Lernprozesse gesehen werden können. Er kann über sich selbst lachen und hat überhaupt nichts Anmaßendes – ein bescheidener, zugänglicher, furchtloser Mann. Er zeigt seine Liebe zu seinen Mitarbeitern, seiner Arbeit, seiner Familie, seiner Heimat offen und ohne die geringste Scham. Alles in seinem Leben, einschließlich der Menschen, gilt ihm als eins, und er liebt sie alle.

Downtown Eastside ist eines der ältesten Viertel Vancouvers und der historische Stadtkern, mit reicher Geschichte und Architektur und einer bunt gemischten Einwohnerschaft. Bürger und Behörden haben hier mit den typischen Großstadtproblemen zu kämpfen – HIV-Infektion, Prostitution, Mangel an angemessenen Wohnraum, hohe Arbeitslosigkeit und das Verschwinden vieler Geschäfte. Sehr viele Menschen in diesem Viertel, das als „ärmste Postleitzahl Kanadas“ gilt, sind obdachlos, krank oder haben mit Drogen oder mit Kriminalität zu tun.

Als 2004 die Four Corners Community Savings Bank in Downtown Eastside schließen musste, weit und breit der einzige Finanzdienstleister für 3.000 einkommensschwache Anwohner, sah Dave Mowat die Chance, die Finanzkraft und die Infrastruktur von Vancity kostengünstig so einzusetzen, dass diese Dienstleistungen weiterhin geboten werden konnten. Das entsprach seinem persönlichen Glauben an das Einssein der Menschen und der Ausrichtung seines Unternehmens auf soziale Gerechtigkeit.

In Zusammenarbeit mit einer örtlichen Stiftung gründete Vancity schließlich eine Bank mit dem Namen Pigeon Park Savings. Mit der Gestaltung des Gebäudes beauftragte Mowat den berühmten Architekten Arthur Erickson. Als Pigeon Park Savings eröffnet wurde, verzichtete man bei den Kunden auf die üblichen Identitätsüberprüfungen und entwickelte spezielle Verfahren, die auch den Bedürfnissen jener Menschen gerecht werden, die auf der Straße leben. So entstand ein sich selbst tragendes Unternehmen, das die wichtigsten Bankdienstleistungen anbietet (Scheckeinlösung, Ein- und Auszahlungen und Debit Cards[18]), und das zu minimalen Kosten für die Bewohner von Downtown Eastside und in einem freundlichen Ambiente, das Hemmschwellen abbaut.

18 *Debit Cards in Nordamerika sind etwa mit den EC-Karten in Europa zu vergleichen.*

Vancity stellt die gesamte Infrastruktur, zum Beispiel für Datenverarbeitung, Geldautomaten, Fortbildung und Sicherheitsmaßnahmen, während Pigeon Park Savings von eigens geschulten Mitarbeitern betrieben wird, die viel Erfahrung im Umgang mit den hier ansässigen Menschen haben.

Ein weiteres Projekt, die Potluck Café Society, ging aus einem 2002 aufgelegten Beschäftigungsprogramm für gefährdete Jugendliche hervor. Die Anschubfinanzierung kam von Vancity. Heute unterhält Potluck ein Café im Portland Hotel, einem hoch gelobten Wohnungsprojekt in Downtown Eastside. Zehn Bewohner der Gegend, die als sozial gefährdet gelten, arbeiten hier in Vollzeit und werden ausgebildet. Die Speisekarte ist reichhaltig, und für Einkommensschwache gibt es besonders günstige Angebote für Frühstück, Mittag- und Abendessen.

Die Potluck Café Society refinanziert sich aus den Gastronomieeinnahmen und in geringem Umfang aus Spenden. So kann das Café nach und nach immer mehr Anwohner verpflegen, weitere langfristige Arbeitsplätze schaffen und helfen, das Leben der Menschen in diesem Viertel wirklich zu verändern.

Kaum jemand in diesem Viertel könnte herkömmliche Banken mit ihren viel zu hohen Gebühren in Anspruch nehmen. Diese Menschen brauchen vor allem Arbeit und müssen wieder in die Gesellschaft integriert werden, aber die meisten Banken sehen sie einfach als wenig profitträchtig und damit als uninteressant an. Das ist das alte Trennungsdenken. Für Mowat und Vancity sind alle eins, und diese Menschen brauchen einfach einen Ort, *an dem mein Herz deines berührt und wir beide durch diese Berührung wachsen*.

Der Fall Vancity zeigt: Bewusst Führende scheuen sich nicht, liebevoll zu führen und auf die Menschen in ihrem Umfeld, auf Kunden, Angestellte, Lieferanten und andere liebevoll einzugehen – ohne Aggression und Konkurrenzdenken. Was ungewöhnlich und für manchen vielleicht „gefühlsduselig“ klingt, ist in Wirklichkeit das erprobte Erfolgsrezept eines großen Unternehmens.

So gewinnen Sie Ihre Liebe zurück

Wenn in Unternehmen das Wort „Liebe" fällt, verziehen manche nur das Gesicht; andere denken, Liebe sei eine Gefühlsregung, die im Arbeitsumfeld nichts zu suchen hat. Aber wir sind in jeder Situation mit unserem *ganzen* Menschsein präsent, unser Leben setzt sich nicht aus Modulen zusammen. Wir sind eins und haben in jedem Bereich unseres Lebens, bei der Arbeit wie im Privatleben, den Wunsch zu lieben und geliebt zu werden. Viel zu viele Führungskräfte verzichten auf einen großen Teil dessen, was sie sein könnten, weil sie nicht an ihren inneren Unsicherheiten arbeiten und deshalb unfähig bleiben, Gefühle zu zeigen oder mitzuteilen. Hier ein paar Fragen, mit denen wir unnötiges Geröll aus dem Weg zum Einssein räumen können:

- Warum können wir unserer Liebe zu anderen nicht einfach Ausdruck geben?
- Was unternehmen wir, um alte Wunden und Glaubenssätze zu überwinden und bedenkenlos lieben zu können?
- Sagen wir denen, die wir lieben, dass wir sie lieben, oder soll das für immer ein Geheimnis bleiben?
- Wenn jemand uns seine Liebe zu erkennen gibt, sind wir begeistert, und das Herz ist voll. Wer braucht umgekehrt diesen Schritt von uns? Wer müsste das von Ihnen hören, um sich auf diese Weise geliebt und inspiriert fühlen zu können?
- Wer Größe beweist, wird am meisten geliebt. Umgekehrt ist Liebe der Schlüssel zu wahrer Größe. Wer im Führen groß ist, wird am meisten geliebt. Sind Sie jemand, der liebevoll führt und dafür geliebt wird?
- Rückhaltlose Liebe muss zur Gewohnheit werden. Mit wem werden Sie üben?
- Wer hat JETZT Ihre Liebe nötig?

Unterm Strich

Warum ist es so wichtig zu lieben?

Weil lieben und geliebt zu werden in allen Bereichen des Lebens unser größtes Bedürfnis ist. Wunderbare Beziehungen, gleich welcher Art, entstehen aus der Liebe.
Wir sind eins.

Arbeitsblatt

Inspirieren Sie sich zur Liebe

Wann in Ihrem bisherigen Leben haben Sie einem anderen Menschen bedingungslose Liebe entgegengebracht? Schildern Sie dieses Beispiel, diesen einen Augenblick, als Ihre Liebe in Bestform war:

Beschreiben Sie etwas aus Ihrem gegenwärtigen Leben, das (wie Sie im Innersten wissen) besser laufen könnte, wenn Sie mehr lieben könnten. Sie haben diese Liebe schon in sich. Wie also könnten Sie die gleiche bedingungslose Liebe, die Sie eben geschildert haben, in der gegenwärtigen Situation wieder geschehen lassen?

Lieben heißt, einen Blick
in den Himmel zu tun.

Karen Sunde

Kapitel

10

Effektivität

Amelie Noiseux lernte schon in jungen Jahren, dass Wahrhaftigkeit der Seele schöneren Lohn einbringt als erschlichenes Lob. Wie alle neunjährigen Mädchen war sie darauf bedacht, bei der Lehrerin einen guten Eindruck zu machen. Einmal bot sich dazu eine besonders gute Gelegenheit. Die Lehrerin stellte kurz vor der Mittagspause eine Frage und versprach für die richtige Antwort einen Sticker. Amelie wusste die Antwort nicht und war froh, als es läutete und die Lehrerin sagte, sie werde nach der Pause auf die Frage zurückkommen.

Amelie lief auf den Schulhof und suchte ihre Schwester, die in einer höheren Klasse war. Die Schwester wusste die Antwort auf die Frage der Lehrerin.

In der nächsten Stunde hob Amelie als erste die Hand und gab die Antwort. „Richtig", sagte die Lehrerin. Jetzt hätte die Belohnung kommen müssen, doch plötzlich bekam Amelie Gewissensbisse. Die erhoffte Befriedigung war dahin, und das Ganze war ihr nur noch peinlich. Sie schämte sich.

> Es steckt mehr in uns, als wir wissen. Wenn es uns gezeigt wird, wollen wir uns meist für den Rest unseres Lebens nicht mehr mit weniger zufrieden geben.
>
> *Kurt Hahn*

„Ich habe die Antwort nicht selbst gewusst", hörte sie sich sagen. „Ich habe meine Schwester gefragt."

Wie staunte Amelie, als die Lehrerin erwiderte: „Ich habe dich mit deiner Schwester sprechen sehen und war gespannt, ob du uns die Wahrheit sagen würdest. Du hast es getan, und ich bin stolz auf dich. Dafür bekommst du jetzt zwei Sticker."

Effektivität ist die Folge, wenn wir uns zu den übrigen CASTLE-Prinzipien bekennen und sie praktizieren. Amelie war erleichtert und froh, dass sie den Mut zur Wahrheit gefunden hatte. Und die Wahrheit erwies sich für sie als höchst effektiv: Sie bekam doppelten Lohn (zwei Sticker statt einem), dazu die Anerkennung der Lehrerin, den Respekt ihrer Klassenkameraden und nicht zuletzt eine wertvolle Erfahrung, von der sie sich ihr Leben lang hat leiten lassen.

20 Jahre später bekam ich einen Anruf, und eine Frauenstimme fragte:

„Dr. Secretan?"

„Ja."

„Mein Name ist Amelie Noiseux. Sie haben neulich ein Buch im Flugzeug liegen lassen. Ich hatte die Leitung der Kabinencrew bei diesem Flug und habe nachgeforscht, wer auf dem Platz gesessen hat. Das waren Sie. Wenn es Ihr Buch ist, möchten Sie, dass ich es Ihnen schicke?"

Aus diesem Holz sind effektive Menschen geschnitzt. Bewusste Führungskräfte, die effektive Menschen wie Amelie um sich versammeln, werden immer etwas Großartiges aufbauen. Solche Menschen wissen einfach aus ihrem Gefühl für das Ganze heraus: Ich bin so sehr ein Bestandteil deiner Welt, dass ich mir selbst diene, wenn ich dir diene; und da wir eins sind, können wir gemeinsam erreichen, dass im beruflichen wie im privaten Bereich alles effektiver läuft.

Perspektiven 1: Die Stimme des Künstlers

Mein Freund Don Campbell, Vizepräsident für Produktentwicklung bei einem großen Softwareunternehmen, erzählt in wunderbar treffenden Worten von den Perspektiven, die eine Rückkehr zum Einssein bietet:

> Meine jüngste Erfahrung mit dem Einssein verdanke ich einem neuen Hobby. Ich habe mir immer schon gewünscht, zeichnen zu können. Aber leider waren früher sogar meine Strichmännchen kaum als solche zu erkennen.

Staunend habe ich immer zu denen aufgeblickt, die zeichnen können, aber mir ging diese Begabung offenbar ab. Trotzdem habe ich irgendwann angefangen, im Internet zu stöbern und bergeweise Bücher zum Thema aus der Leihbücherei zu schleppen.

Nachdem ich mich kundig gemacht hatte, tat ich verwegen die ersten Schritte auf ein Terrain, auf dem mich nur Kummer und Enttäuschung erwarteten – dachte ich. Ich besorgte mir die Anfängerausrüstung und begann, mich durch die ersten Übungen zu kämpfen. Und tatsächlich, ich war genau so schlecht im Zeichnen, wie ich befürchtet hatte. Bis ich eines Tages den Grund dafür fand und glücklicherweise das Hindernis überwinden konnte. Offenbar hatte ich meine Objekte einfach falsch betrachtet: mit einem trennenden Blick. Ein Gesicht bestand für mich aus Augen, Nase, Lippen, Ohren, Haar und ein paar weiteren Einzelheiten. Mein Gehirn war in der Lage, jedes einzelne Element zu erkennen und nach bekannten Mustern auf das Blatt zu werfen. Ein Gesicht, noch dazu ein treffend dargestelltes, entstand dabei nicht.

Jedes Gesicht ist anders, nicht wahr. Jeder Ausdruck ist einzigartig. Licht und Schatten, Form und Umriss: Ich bildete nicht ab, was ich sah, sondern was ich zu sehen glaubte. Als mir klar wurde, dass alle Teile eines Gesichts nahtlos ineinander übergehen, dass die Schönheit und Feinheit eines Gesichts gerade im Zusammenspiel aller scheinbaren Teile liegt, lernte ich Gesichter anders zu sehen, nämlich als eins. Und plötzlich konnte ich sie auch zeichnen. Es hatte nicht an meinen Fingern und Händen oder an der Technik gelegen, mit der ich Linien aufs Papier brachte. Das Problem lag in den Augen beziehungsweise im Gehirn und seiner Deutung dessen, was ich sah.

Nach nur wenigen Monaten intensiver Beschäftigung mit meinem neuen Hobby kann ich jetzt nur staunen, was ich alles zustande bringe! Neulich habe ich während eines Flugs geübt und wurde von den Stewardessen prompt als

> Künstler eingestuft. In Wirklichkeit bin ich wie ein Kleinkind, das gerade erst sehen lernt. Aber ich kann heute kein Gesicht mehr betrachten, ohne die fließenden Konturen der Haut wahrzunehmen und das tanzende Spiel der Lichter und Schatten entlang all der geschwungenen Linien. Was für ein schöner Anblick!

Campbells Bericht illustriert eindringlich, wie sehr jener Blick, der das Leben als Anhäufung gesonderter Einzelheiten wahrnimmt, uns den Weg zu Effektivität und Erfüllung verstellen kann. Oft kommen wir zu einem Durchbruch, wenn wir das Ganze sehen, die Einheit dessen, was wir betrachten.

Perspektiven 2: Der Blick aus dem All

Effektivität hängt also auch von unserem Blickwinkel ab. Edwin „Buzz" Aldrin, Pilot der Mondlandefähre von Apollo 11, hat einmal über den Blick auf die Erde vom Mond aus gesagt:

> *Diese sanft leuchtende Erscheinung der Erde vor der schwarzen Unendlichkeit war von einer unberührt wirkenden Klarheit, die Fotos nicht wiedergeben können. Auf Bildern fehlen die feinen Schattierungen, das Kristallene, die lebendige Tiefe der Atmosphäre, die sich aus der Schwärze hervor wölbt. ... Vom tiefblauen Mittelmeer strahlen Europa und Afrika in weichen Pastelltönen aus – kaum vorstellbar, dass es hier politische Grenzen geben soll. Und von der Mondoberfläche aus, wo ich den Schauplatz der Menschheitsgeschichte mit dem Daumen abdecken konnte, wirkte die Erde wie eine hauchzarte Christbaumkugel, ein verirrter Ballon vor dem schwarzen Samt des Weltalls. Dieses Bild der lebendigen und so verletzlichen Erde macht alle Vorstellungen von individuellem Dasein als Mensch oder Nation zur Illusion. In den 66 Jahren zwischen dem ersten Flug der Gebrüder Wright und der Mondlandung haben wir nicht nur Flughöhe gewonnen. Wir sehen die Erde nicht mehr als eine*

Verlängerung des Menschen, sondern umgekehrt den Menschen als Anhang der Erde.

Gene Cernan, Kommandant von Apollo 17, hatte diese Perspektive: „Der Anblick der Erde war etwas so Ehrfurchtgebietendes, dass ich einfach bei jeder Gelegenheit hinsehen musste. Wie hätte solche Schönheit durch Zufall entstehen können? Ich fühlte mich wie auf Gottes Gartenterrasse, den Blick heimwärts gewandt."

Es ist eine Frage der Perspektive, nicht wahr? Mark Aurel hat gesagt: „Was wir hören, ist Meinung, nicht Tatsache. Was wir sehen, ist Perspektive, nicht Wahrheit." Wie wir die Dinge sehen, hängt von unserem Blickwinkel ab. Wir dürfen Buzz Aldrin und Gene Cernan sicherlich als unglaublich mutig bezeichnen; mir jedenfalls wird ziemlich mulmig, wenn mir vorstelle, irgendwo da draußen im Weltraum zu schweben und auf Familie, Zivilisation und Menschheit zurückzublicken. Aber ihr Mut hat sich ausgezahlt. Mut, Echtheit, Dienen, Wahrhaftigkeit und Liebe haben sich für Aldrin und Cernan – und eben für Amelie Noiseux – vielfach ausgezahlt: in dem nämlich, was wir Effektivität nennen.

Über die Nachteile einer einseitigen Ausrichtung auf Zahlen, Daten, Fakten haben wir bereits gesprochen. Zwar spielen Zahlen eine Rolle, wenn es um Effektivität geht; denn Kennziffern sagen uns immerhin, wie *viel* wir erreicht haben. Außerdem war einiges an Zahlen und Berechnungen notwendig, um Aldrin und Cernan überhaupt in die Position zu bringen, von der aus sie ihre Erfahrungen machen konnten. Aber die beiden hätten die Schönheit dessen, was sie sahen, nie und nimmer in Zahlen ausdrücken können. Und auch sonst ging es bei den Mondflügen vor allen Zahlen um Mythos, Mysterium und Magie.

Das Daten-Sandwich

Wahre Effektivität beginnt mit einem Traum, mit einer aus Mythos, Mysterium und Magie geborenen Vision. Um den Traum zu verwirklichen, sind dann Detailarbeit und gekonnte, effektive Umsetzung notwendig; dazu gehören brauchbare Daten und kluge

Kalkulationen, die zum Ziel führen. Aber wenn der Traum Wirklichkeit geworden ist, feiern wir die Geburt von etwas Neuem wieder im Raum von Mythos, Mysterium und Magie. Bei allen wahr gewordenen Träumen ist das so. Und genau so kam der Mensch auch auf den Mond.

Stellen Sie sich die Sache wie ein Daten-Sandwich vor: Die beiden äußeren Schichten bestehen aus Mythos, Mysterium und Magie. Die eine steht für den Traum selbst, die andere für das Erlebnis seiner Verwirklichung. Dazwischen liegt eine Schicht praktischen Könnens und intellektueller Meisterschaft, die aus Daten, Berechnungen, Umsetzungsstrategien und ihrer Ausführung besteht. Alle Schichten zusammen repräsentieren die Vermählung von Wissenschaft und Mythos, Mysterium, Magie.

In einer Rede vor dem Kongress, dem Parlament der USA, beschwor Präsident John F. Kennedy am 25. Mai 1961 das Vorstellungsvermögen der Welt mit den Worten: „Ich glaube, dass dieses Land sich das Ziel setzen sollte, vor dem Ende dieses Jahrzehnts einen Menschen zum Mond zu schicken und sicher zur Erde zurückzubringen.“ Das war eine in Mythos, Mysterium und Magie verankerte Vision, die erste Schicht des Sandwichs.

Ich bin ein Idealist ohne Illusionen.
John F. Kennedy

Eineinhalb Jahre später, Ende 1962, bekräftigte Kennedy seine Vision in einer Ansprache an der Rice University in Houston, Texas. In mitreißenden Worten beschwor er den magischen Reiz der Idee, die Mysterien des Weltraums zu enträtseln:

> *Niemand vermag ganz zu erfassen, wie weit die Menschheit gekommen ist und wie schnell. Aber stellen Sie sich bitte einmal vor, die 50.000 Jahre Menschheitsgeschichte, die wir mehr oder weniger gut überblicken, seien auf 50 Jahre zusammengedrängt. Über die ersten 40 dieser 50 Jahre wissen wir wenig, nur dass die Menschen gegen Ende dieser Zeit Tierhäute als Bekleidung zu verwenden lernten. Vor etwa zehn Jahren nach diesem verdichteten Zeitmaß verließen die ersten Menschen ihre Höhlen und lernten Unterkünfte anderer Art zu bauen. Erst fünf Jahre ist es her, dass die Schrift und das Rad erfunden wurden. Das Christentum begann vor knapp zwei Jahren. Die Druckerpresse hielt zu Beginn dieses*

Jahres ihren Einzug, und die Dampfmaschine als Kraftquelle neuer Art wäre nach diesem Zeitmaß ganze zwei Monate alt. Seit weniger als einem Monat stehen uns elektrisches Licht, Telefon, Automobil und Flugzeug zur Verfügung. Vergangene Woche erst haben wir Fernsehen und Kernkraftwerke entwickelt. Und sollte Amerikas neuestes Raumschiff die Venus erreichen, werden wir heute noch vor Mitternacht buchstäblich den Griff nach den Sternen getan haben.

Aus Mythos, Mysterium und Magie geborene Träume werden freilich zerbrechen, wenn die Mittelschicht des Sandwichs fehlt – Daten und Kalkulationen, Wissenschaft, Können, Umsetzung und Ausführung. Erst diese praktische Schicht macht den Traum real. So war es auch bei Kennedys Weltrauminitiative. In den Jahren nach seiner Rede an der Rice University befassten sich einige der größten wissenschaftlichen Geister der Welt mit der Verwirklichung des Traums, und praktische Herausforderungen gab es wahrlich genug. Für die erfolgreiche Umsetzung war es, wie auch Kennedy erkannt hatte, notwendig, dass alle an der wissenschaftlich-praktischen Seite des Projekts Beteiligten immer wieder an den ursprünglichen Traum erinnert wurden und neue Inspiration fanden. Er selbst beschwor regelmäßig das Mythische, Rätselhafte und Magische des Weltraumabenteuers, vor allem dann, wenn die technischen Probleme sich türmten.

Einmal fragte Kennedy den NASA-Direktor James Webb, ob er die Mondlandung als oberste Priorität der NASA ansehe. Webb erwiderte: „Nein, Sir. Ich sehe sie als *eines* der Programme von höchster Priorität."

Das erinnerte Kennedy noch einmal daran, dass er seinen Traum nur mit diesem Nachdruck vertreten konnte, wenn Wissen, Können und Umsetzungsbereitschaft mit dem gleichen Engagement folgten. Er beschwor Webb eindringlich, der Mondlandung die absolut höchste Priorität bei der NASA einzuräumen.

„Das ist aus politischen Gründen wichtig, aus Gründen der internationalen Politik", mahnte er. „Wir müssen klar machen, dass dies das wichtigste Programm der NASA und von höchster Priorität für die Regierung sein muss. Ansonsten gäbe es keine Rechtfertigung für derartige Ausgaben, und ich persönlich bin nicht gar so sehr an der Raumfahrt interessiert. Wir haben den Haushalt überzogen und vieles, was hier auf der Erde wichtig ist, zurückgestellt, und das ist nach meiner Überzeugung nur zu rechtfertigen, wenn wir es in dem von mir genannten Zeitrahmen schaffen."

Diese erst kürzlich bekannt gewordene Aussage ist bemerkenswert, denn sie belegt, dass Kennedy nicht, wie oft vermutet, in das Weltraumabenteuer verliebt war. Er wünschte „nur", dass den USA ein großer Wurf gelingen sollte, mit dem dieses Land der Welt seine überlegene Innovationskraft und Kreativität beweisen könnte. Der erfolgreiche Sputnik-Start der Russen am 4. Oktober 1957 hatte die amerikanische Öffentlichkeit völlig unvorbereitet getroffen. Eine der Reaktionen Amerikas bestand in der Schaffung der NASA 1958. Kennedy ging es eigentlich darum, den weltraumtechnischen Rückstand Amerikas auszugleichen und das nationale Selbstbewusstsein zu heben.

Die Stille, die im Weltraum herrscht, lässt die Schönheit der Erde noch gewaltiger erscheinen. Ich hoffe, dass diese Ruhe sich eines Tages bis in mein Land ausbreitet.

Ilan Ramon, israelischer Astronaut und eines der Opfer der Columbia-Katastrophe

Kennedys Traum umfasste mehr als die Mondlandung. Für ihn war der Weltraum eine Chance, den USA Mythos, Mysterium und Magie zurückzugeben. Er wollte etwas absolut Mitreißendes schaffen, das Amerika inspirieren und letztlich auch zum Abbau der Feindseligkeit zwischen den Blöcken beitragen sollte. Manche Historiker führen das Ende des Kalten Krieges auf Ronald Reagan und seine „Star Wars" genannte Strategic Defense Initiative zurück, aber die von Kennedy in Gang gesetzte psychologische Neupositionierung der USA gegenüber Russland könnte der Anfang gewesen sein. Er schuf mit Hilfe des Weltraumprogramms neuen Raum für Mythos, Mysterium und Magie, und das war am Ende die Voraussetzung für das Verschwinden des Eisernen Vorhangs.

Kennedy besaß die Gabe zu begeistern, und das betraf ebenso die Daten – den „Belag" des Sandwichs – wie die beiden Außenschichten aus Mythos, Mysterium und Magie. Seine Rede an der Rice University, in der er sich auch auf den Daten-Anteil bezog, macht das deutlich. Wir zitieren aus diesem Teil:

Gewiss, all das kostet eine Menge Geld. Der Raumfahrt-Etat ist dieses Jahr dreimal so hoch wie 1961 und umfangreicher als die Etats der vorausgegangenen acht Jahre zusammen. Der Etat beläuft sich dieses Jahr auf 5,4 Milliarden Dollar – eine wahrlich gewaltige Summe, wenn auch immer noch etwas kleiner als die Summe, die wir alljährlich für Zigaretten und Zigarren ausgeben. Die Ausgaben für die Raumfahrt werden bald noch weiter steigen, von wöchentlich 40 Cent pro Kopf auf 50 Cent für jeden Mann, jede Frau und jedes Kind in den Vereinigten Staaten. Wir haben diesem Programm einen hohen Stellenwert gegeben, und mir ist klar, dass Manches einstweilen nur durch Glauben und Vision gedeckt ist, denn wir wissen nicht, was uns an konkretem Nutzen erwartet. Eines, liebe Mitbürger, kann ich aber sagen: Wenn wir eine Rakete zum Mond schicken wollen, 300.000 Kilometer vom Kontrollzentrum in Houston entfernt – eine gigantische, 100 Meter hohe Rakete, so hoch, wie dieses Footballfeld lang ist, aus neuen Legierungen geschmiedet, die zum Teil noch nicht einmal erfunden sind und die einem Mehrfachen dessen an Hitze und Belastung standhalten müssen, was je von einem Material verlangt worden ist, eine Rakete, gebaut mit höherer Präzision als die allerbesten Uhrwerke und ausgestattet mit allem, was für Antrieb, Navigation, Kontrolle, Kommunikation, Ernährung und das Überleben der Besatzung erforderlich ist, und wenn wir diese Rakete zu einer allerersten Mission zu einem nie betretenen Himmelskörper schicken und sie dann sicher zur Erde zurückkehren lassen wollen, wobei sie mit 40.000 Stundenkilometern bei einer Temperatur, die halb so hoch ist wie die der Sonne wieder in die Erdatmosphäre eintreten wird – wenn wir das alles wollen, wenn wir es wirklich schaffen wollen, und das bis zum Ende dieses Jahrzehnts, dann müssen wir kühn zu Werke gehen.

Kennedy verstand es meisterhaft, Mythos, Mysterium und Magie mit Wissenschaft, Daten, Zahlen und all dem anderen zu verweben, das für die Verwirklichung eines Traums praktisch erforderlich ist.

Am 21. Juli 1969 um 02:56 Greenwich Mean Time (GMT), knapp 20 Minuten nach dem Öffnen der Luke an der Mondlandefähre Eagle, betrat Neil Armstrong im Meer der Stille (*mare tranquilitatis*) als erster Mensch die Mondoberfläche. Buzz Aldrin blieb im Landemodul und sprach die ersten menschlichen Worte vom Mond aus: „Basis Tranquility. Der Adler ist gelandet." 20 Minuten später folgte er Armstrong auf die Oberfläche des Mondes.

Der Traum war Wirklichkeit geworden. Die Welt hatte den Atem angehalten, die Welt war begeistert. John F. Kennedy hatte einmal gesagt: „Ein Mensch kann sterben, Nationen können aufsteigen und untergehen, aber eine Idee lebt weiter." Man mag es als tragische Ironie empfinden, dass er, der den Traum in die Welt gesetzt hatte, seine Verwirklichung nicht erlebt hat. Kennedy ist im November 1963 ermordet worden. Aber seine hoch fliegende Vision hat die Welt inspiriert. Viele Amerikaner, aber auch andere sehen diese Jahre heute als ein goldenes Zeitalter an.

Der Geschmack eines Sandwichs liegt im Zusammenspiel des Äußeren mit dem Inneren. Jeder der Bestandteile – Daten, Können, Umsetzung, Mythos, Mysterium oder Magie – mag für sich allein wenig schmackhaft sein. Aber im Zusammenklang sind sie köstlich, das heißt effektiv.

Wo Menschen inspiriert sind, klingelt auch die Kasse

In Teams wie in Führungspositionen besteht unsere Aufgabe darin, einander zu inspirieren und die in uns allen schlummernde Größe zu erschließen. Effektive Menschen suchen – und finden – einander. Das ist eines der Kennzeichen funktionierender Unternehmen. Und Gemeinschaften effektiver Menschen schaffen überall Großes, bei der Eroberung des Weltraums ebenso wie in Schulen oder Betrieben, zu Hause, in der Kirche, in Städten und Gemeinden.

Aber was führt uns zur Effektivität? Der heroische Krieger-Anführer ist heute ganz offensichtlich nicht mehr der beste oder überhaupt ein relevanter Maßstab für die Effektivität von Führungskräften. Und das ganze Zahlenkarussell aus Einnahmen,

Gewinnen, Margen, Marktanteilen und Shareholder Value erfasst ebenfalls nicht alles. Bewusstes Führen heißt, menschliches Potenzial zu erschließen, und das meint den ganzen Menschen und alle Menschen, nicht nur bestimmte Menschen und nicht nur ihr Kapital oder ihre Kaufkraft. Bewusstes Führen ist auch Sorge für unser lokales und globales Lebensumfeld und schonender Umgang mit der Natur. Wir leben in einer realen Welt, und das bedeutet, dass außer für die Person auch für die Seele gesorgt sein muss. Uns wird immer deutlicher bewusst, dass wir in beiden Bereichen erfolgreich, also effektiv sein müssen. Sie sind eins.

> Handle immer recht. Das wird manchen gefallen und alle übrigen in Erstaunen versetzen.
>
> *Mark Twain*

1972 betrat George Zimmer, damals 23 Jahre alt, das Kaufhaus Foley's in Houston, um den Einkäufer zur Bestellung von Regenmänteln aus der Textilfirma seines Vaters zu bewegen. Es kam ein Deal zustande, aber der beinhaltete unter anderem, dass George unverkaufte Waren aus früheren Kollektionen im Wert von 10.000 Dollar zurücknahm. Georges Entgegenkommen zahlte sich nicht aus. Im nächsten Jahr wurden die Produkte seines Vaters ganz aus dem Sortiment genommen.

Das schockierte George. Er investierte 7.000 Dollar in den Aufbau eines eigenen Ladengeschäfts, in dem er Herrenbekleidung verkaufte – und zwar zu günstigeren Preisen als bei Foley's. Aus diesem einen Laden ist inzwischen die börsennotierte Aktiengesellschaft Men's Wearhouse geworden, die in Nordamerika 700 Filialen betreibt, jährlich 1,7 Milliarden Umsatz macht und 10.400 Vollzeitbeschäftigte hat.

Mehr als 30 Jahre nach der Enttäuschung und dem Neubeginn sagt George Zimmer: „Als Geschäftsleute haben wir die einmalige Chance, die Regeln selbst zu schreiben, und das ist nicht so kompliziert, wie manche der studierten Wirtschaftsfachleute uns glauben machen wollen. Die wichtigste Regel des Geschäftslebens und des Lebens überhaupt wurde nämlich schon vor ein paar tausend Jahren geschrieben: Behandle andere so, wie du von ihnen behandelt werden möchtest."

Den Erfolg seiner Firma schreibt er seinem tiefen Engagement für seine Mitarbeiter zu. „Es ist ganz einfach: Unser Geschäft ist nicht die Bekleidung, unser Geschäft ist der Mensch. Alle anderen machen in Bekleidung. Das unterscheidet uns", sagt er und fügt hinzu: „Wir haben festgestellt, dass unser Vertrauensverhältnis zu den Kunden, die zur Tür hereinkommen, sehr stark von unserem Vertrauensverhältnis untereinander abhängt."

Vor ein paar Jahren verblüffte George die Analysten der Wall Street mit der Erklärung, Men's Wearhouse pflege die Beziehungen zu seinen Interessengruppen nach folgender Rangordnung:

1. Angestellte;
2. Kunden;
3. Lieferanten;
4. Aktionäre;
5. das soziale Umfeld der Filialen.

Die Aktie verlor am nächsten Tag 20 Prozent an Wert. Das störte George Zimmer aber nicht. Er wusste, dass er nur die Spekulanten abgeschüttelt hatte und dass alle anderen, die seine langfristige Strategie verstanden, in Men's Wearhouse investieren würden. Er behielt Recht. Mit der Aktie ist es seitdem stetig bergauf gegangen.

Eine der besonders gefragten Serviceleistungen von Men's Wearhouse ist der seit 1999 bestehende Smokingverleih, der inzwischen über eine Million Mal im Jahr in Anspruch genommen wird. Um diesen Geschäftszweig auszubauen, plante das Unternehmen auch den Bau einer firmeneigenen Anlage für die chemische Reinigung der Smokings nach jedem Gebrauch.

Anfang der neunziger Jahre hatte der Firmengründer Rinaldo Brutoco in den Vorstand geholt. Rinaldo war ein erfolgreicher internationaler Geschäftsmann und Berater und Gründer der World Business Academy, ein überzeugter Verfechter des Umweltgedankens und einer, der wirtschaftliche und unternehmerische Entwicklungen unter langfristigen, ganzheitlichen Gesichtspunkten sieht. Er sollte jetzt das beste Reinigungsverfahren für die Smokings finden und gezielt nach effektiven und zugleich umweltverträglichen Methoden suchen.

Chemische Reinigungen sind in Verruf geraten, weil sie giftige Chemikalien verwenden, insbesondere Perchlorethylen, kurz „Per" genannt, ein flüchtiges organisches Lösungsmittel aus der berüchtigten Gruppe der Chlorkohlenwasserstoffe, das mit erheblichen Umweltbelastungen verbunden und für Menschen gesundheitsgefährdend ist, was in besonderem Maße die Mitarbeiter in Reinigungsbetrieben betrifft. Trotz der Risiken ist Per immer noch die wichtigste Reinigungschemikalie der Welt, weil sie gemeinhin als kostengünstigste Methode gilt – Umwelt- und Gesundheitskosten natürlich nicht eingerechnet.

George und Rinaldo konnten an Per überhaupt nichts ökonomisch Sinnvolles entdecken. Sie sahen den Arbeitsschritt der Reinigung nicht als etwas gesondert und für sich Existierendes an, sondern als Teil eines Ganzen, und dieses Ganze bestand für sie im Wohl aller involvierter Menschen und der Umwelt.

„In der Branche gilt es als ausgemachte Tatsache, dass der Verzicht auf Per zu teuer ist", sagt Rinaldo. „Es stimmt zwar, dass die Verwendung nichttoxischer Lösungsmittel anfangs höhere Investitionen erfordert und deshalb zunächst teurer aussieht. Aber die Kleidung wird weniger strapaziert und hält länger, womit sich der höhere Einsatz später amortisiert." Rinaldo hatte den Punkt gefunden, an dem er den Hebel ansetzen konnte: Per reinigt ohne Zweifel gut, aber nicht sehr sanft. Es greift Textilien an und verkürzt ihre Lebensdauer.

Sehr viele Menschen bilden sich ein, dass sie denken, wenn sie in Wirklichkeit nur ihre Vorurteile neu arrangieren.
William James

Die Finanzmanager bei Men's Wearhouse zeigten sich wenig angetan von Rinaldos Ideen. Sie wollten nicht von den anerkannten Branchenstandards abrücken und votierten gegen seinen ersten Vorschlag, Kohlendioxid als ungiftige Alternative zu Per einzusetzen. Als nächstes präsentierte Rinaldo ein von der Umweltschutzbehörde der USA als unbedenklich anerkanntes Reinigungsmittel auf Silikonbasis, aber auch diese Idee wurde vom Finanzmanagement zunächst verworfen.

George aber wollte sich nicht geschlagen geben. Er beauftragte Rinaldo, mit einem Gutachten die genauen wissenschaftlichen Zusammenhänge aufzuklären – also den Belag für das Sandwich zu suchen, der auch dem spitzesten Kostenrechnern schmecken musste. Das Gutachten bestätigte in der Tat, dass Reinigungsmittel auf Silikonbasis die Haltbarkeit von Textilien um 25 Prozent steigern können. Wirtschaftlich hieß das: Die Lebensdauer der Leihsmokings würde sich um ein Viertel verlängern, was zusätzliche Einnahmen bringen würde, die die höheren Kosten der Reinigung ausgleichen würden.

Georges Engagement für die Gesundheit der Menschen im Betrieb und in seinem Umfeld war zweifellos der Motor hinter dieser umweltfreundlichen Lösung; aber Rinaldos kaufmännische Argumentation hat diese Lösung erst richtig effektiv gemacht, weil jetzt auch die Finanzabteilung zustimmen und sich voll hinter die Entscheidung stellen konnte.

Heute ist Men's Wearhouse der größte Smokingverleih in Nordamerika und reinigt die Smokings mit ungiftigen Stoffen, die Mensch und Umwelt schonen und auch noch wirksamer sind als die giftigen Alternativen. Die höhere Lebensdauer erhöht den Ertrag jeder Vermietung. Außerdem hat Men's Wearhouse inzwischen in Houston ein eigenes Reinigungsunternehmen gegründet, das die neuen, ungiftigen Reinigungsverfahren jedermann zugänglich macht. Im ersten Betriebsjahr konnte diese Tochterfirma sich auf Anhieb 21 Prozent des gesamten Reinigungsmarktes in Houston sichern.

Mit seinem auf Einssein ausgerichteten dienenden Führungsstil, der den Menschen in den Mittelpunkt stellt, hat George Zimmer das Wachstum seines Unternehmens gesichert, und ein Ende scheint nicht in Sicht zu sein. Für 2010 sagt er eine Steigerung der Umsätze auf drei Milliarden Dollar voraus. Das ist umso bemerkenswerter, als der amerikanische Bekleidungsmarkt zurzeit um jährlich zwei bis drei Prozent schrumpft.

Effektivität ist das Resultat, wenn die CASTLE-Prinzipien Mut, Echtheit, Dienen, Wahrhaftigkeit und Liebe konsequent umgesetzt werden. Es wird Ihnen aufgefallen sein, dass die meisten der in diesem Buch angeführten Ausnahmefirmen – Men's Wearhouse, Wegmans, Starbucks, Southwest Airlines und Alaska Wildland Adventures, daneben aber auch andere Unternehmen wie FedEx, Medtronics und Pella – in erster Linie den Mitarbeiter im Blick haben und dann erst, im zweiten Schritt, den Kunden und den Aktionär.

Das ist kein Zufall. Wie George Zimmer und Rinaldo Brutoco uns zeigen, fängt Veränderung beim Einzelnen an, aber die Wirkungen breiten sich ins Umfeld aus, sodass der Prozess des Wandels – von innen nach außen – viele erfasst. Die Einkaufsabteilung bei Foley's mag damals gedacht haben, man könne den jungen George Zimmer einfach ausbooten, und damit werde die Sache erledigt sein. Aber keine Aktion bleibt ohne Folgen. Wir sind eins.

Effektivität als wirtschaftlicher Spielraum

Effektivität in persönlichen wie in unternehmerischen Zusammenhängen lässt sich am sinnvollsten als *wirtschaftlicher Spielraum* beschreiben, nämlich als den materiellen oder geistig-ideellen Gewinn oder „positiven Cash-Flow", der uns zufließt und der es uns erlaubt, weiterhin das anzustreben, was wir in dieser Welt als Einzelner oder als Unternehmen in ganzheitlich-menschlichem Sinne erreichen möchten. Auf einen kurzen, kaufmännischen Nenner gebracht: Geld ist Energie, und die Menge der einströmenden Energie muss der ausströmenden Energie angemessen sein, beim Einzelnen ebenso wie in einem Unternehmen. Nach diesem Maßstab deutet ein Mangel an wirtschaftlichem Spielraum auf fehlende Effektivität hin, und wo Effektivität fehlt, hapert es auch an den übrigen CASTLE-Prinzipien. Das ist leicht einzusehen, denn wir alle, Einzelne wie Unternehmen, können uns einen größeren wirtschaftlichen Spielraum schaffen, wenn wir mutig, echt, dienstbereit, wahrhaftig und liebevoll sind.

> Die Tiefe deines Mythos ist das Maß deiner Effektivität.
> *John Maxwell, Motivationstrainer*

Auf diese Weise ist Mangel an wirtschaftlichem Spielraum der Unternehmensberatung Arthur Andersen zum Verhängnis geworden (siehe Kapitel 6). Man darf getrost davon ausgehen, dass Arthur Andersen heute noch ein gesundes Unternehmen wäre, wenn die Führungsriege mutiger, authentischer, wahrhaftiger, liebevoller und mehr zum Dienen bereit gewesen wäre. Wären sie all das gewesen, hätte es auch an Effektivität nicht gefehlt, und natürlich hätte das Unternehmen dann fortbestehen können. Als der wirtschaftliche Spielraum nicht mehr gegeben war, konnten sie nicht mehr mutig, echt, dienstbereit, wahrhaftig und liebevoll sein – selbst wenn sie es jetzt gewollt hätten. Jedes Unternehmen (oder eine Familie, eine Kirche, Klinik oder Schule, eine Feuerwache, eine Stadtverwaltung, ein Land), das die CASTLE-Prinzipien praktiziert, wird dadurch effektiver und damit erfolgreicher, lebensfähiger, kompetenter, inspirierender und beliebter. Wenn wir in diesem Sinne effektiv sind, findet unsere Arbeit Bestätigung. Wir werden eine inspirierte und inspirierende Gemeinschaft und werden immer weiter wachsen und uns steigern können.

Effektivität und die Wildwasserregel

1997 ging Sue Ellen Cooper, damals 53 Jahre, in Tucson, Arizona, eine Straße entlang, als ihr in der Auslage eines Secondhandladens ein roter Hut ins Auge sprang.

„Ich brauchte ihn gar nicht", sagt sie. „Wo hätte ich so etwas tragen können? Es gab wirklich keinen Grund, ihn zu kaufen... Und dann hatte ich plötzlich diesen knallroten Filzhut auf dem Kopf, verwegen über eine Augenbraue geschoben."

Der Hut hat einiges ins Rollen gebracht. Einige Monate später schenkte Sue Ellen einer Freundin einen ähnlichen roten Hut zusammen mit einem bekannten Gedicht. Die Autorin dieses Gedichts mit dem Titel „Warning", die Engländerin Jenny Joseph, nimmt sich darin vor, „die Nüchternheit meiner Jugend auszugleichen". Das Gedicht beginnt so:

Wenn ich eine alte Frau bin,
werde ich Lila tragen
und einen roten Hut, der sich
damit beißt und mir nicht steht.

Im Laufe der Zeit machte Sue Ellen noch drei anderen Freundinnen das gleiche Geschenk. Zusammen waren sie nun fünf – genug, um eine Tea Party zu organisieren, bei der sie alle lila Outfits zum roten Hut trugen.

Diese Idee – zu demonstrieren, dass Frauen auch jenseits eines gewissen Alters sichtbar, ja auffallend sein und ihren Spaß haben dürfen –, machte sehr schnell Schule. Überall in den USA und Kanada, ja weltweit wurden ähnliche Zirkel gegründet, und heute ist die Red Hat Society eine, wie Sue Ellen Cooper es nennt, „Desorganisation" mit 42.000 Ortsgruppen in mehr als 30 Ländern mit mehr als einer Millionen registrierten Mitgliedern, die so ziemlich alles auf dem Kopf tragen, was rot ist – von roten Cowboyhüten zum Picknick über rote Southern-Belle-Hüte zum Tee und rote Wollmützen zum Skifahren bis zu roten Baseballmützen bei allen Gelegenheiten.

Die Red Hat Society ist auf nichts anderes als auf Miteinander und Austausch aus, und es soll Spaß machen, es soll kreativ sein, es darf albern sein. Es gibt keine Aufnahmeverfahren, keine Spendenaktionen, keine Vorschriften und Satzungen. Alles, was zählt, ist „Rothütigkeit" – ohne Scheu anders sein, unernst sein, über sich selbst lachen und lauter Fez machen. Diese Haltung wird Ihnen manches erleichtern, sollten Sie je angesprochen werden und sich in einer Gruppe wiederfinden, die einen Namen trägt wie: *Red Hat Belles, Royal Red Hat Hotties, The Rowdy Red Hat Mamas* oder *Red Hot Flashes* oder sogar *The Jolly Sprats* – echte Kieler Sprotten der ulkigen Art.

Was die wahren Mystiker eigentlich sagen, ist dies: Das Heilige liegt im Gewöhnlichen, es ist in unserem Alltag zu finden, bei den Nachbarn, bei den Freunden, in der Familie, im Garten. Wer anderswo nach Wundern sucht, darf sicher sein: Er hat nicht verstanden, dass das Wunderbare in allem ist.

Abraham Maslow

„Hier im Hutquartier in Fullerton erfassen wir jeden Tag 50 bis 100 neue Gruppen weltweit", sagt Sue Ellen. „Die Namen, die die Mädels sich da einfallen lassen, sind wirklich zum Schießen. Allen neuen Gruppen schicken wir kleine Federn als ständige Erinnerung daran, dass sie verspielt sein und Spaß haben dürfen."

Nur Mitglieder über 50 tragen Lila und Rot; bei den jüngeren sind die Hüte in Pink, die Kleidung in Lavendel gehalten, so lange, bis sie „tolljährig" werden. Gründerinnen von Gruppen werden Königinmutter und nicht Vorsitzende genannt, die übrigen Mitglieder kreieren sich selbst die wundersamsten Titel. Und was geht so ab, wenn man sich trifft?

Was ihnen gerade einfällt. In manchen Gruppen trifft man sich in vollem Red-Hat-Ornat zum Essen oder einfach zum Plaudern. Federboas und blinkende Ringe sind beliebt. Es gibt auch gemeinsame Museums-, Theater- und andere Veranstaltungsbesuche. Im August 2004 schwärmten sie von überallher zur Red-Hat-Versammlung in Branson, Missouri, zusammen. Tausende amüsierten sich hier, versuchten Rekorde im Kartenspielen zu brechen, nahmen an Hutprämierungen teil und an einem Pyjama-Frühstück. Zu shoppen gab es auch einiges. Und wenn Red Hatter zum Shopping gehen, dann *shoppen* sie wirklich. „Nähren, hegen, pflegen, das ist die eigentliche Natur der Frauen“, sagt Sue Ellen Cooper mit einem Augenzwinkern. „Hier geben wir einander die Erlaubnis, eine Pause einzulegen.“

Ist die Red Hat Society wirklich eine reine Spaßgesellschaft? Bei näherer Betrachtung zeigt sich doch eine erstaunliche Effektivität. An der Jahrestagung der Gesellschaft in einem der großen Hotels von Las Vegas nahmen 5.000 Mitglieder teil, und diese Frauen machten durchschnittlich 400 Dollar locker, um in der riesigen Verkaufsausstellung die Red-Hat-Artikel von 30 lizensierten Partnern zu erwerben. Es gibt einen offiziellen Reiseanbieter, eine Red-Hat-Mastercard, offizielle Red-Hat-Sneakers, eine Gebäckmischung in speziellem Red-Hat-Design – und natürlich auch Lizenzabkommen mit namhaften Hutmachern. All das ist online über *www.redhatsociety.com* zu erwerben. Man hat inzwischen auch eine eigene Zeitschrift gegründet, die bereits 33.000 Abonnentinnen hat, und Sue Ellen Coopers erstes Buch *The Red Hat Society: Fun and Friendship After Fifty* (Warner Books, 2004), ist bereits 500.000 Mal verkauft worden.

Von ihrem Büro in Fullerton aus dirigiert Sue Ellen das Ganze, kümmert sich um die Mitglieder, beantwortet Anfragen, registriert neue Gruppen. Allen, ihr Ehemann, gab seinen Beruf als Produktentwickler und Vertriebsfachmann nach 32 Jahren auf, um die Technik- und Finanzabteilung der Red Hat Society zu leiten. Tochter Andrea ist stellvertretende Leiterin des Kreativstabs.

Im ungeheuren Erfolg der Red Hat Society dokumentiert sich eine starke Sehnsucht nach Einssein bei den Frauen, namentlich bei den älteren, die sich wie jeder Mensch fröhliches Zusammensein wünschen und ab und zu von all ihren Pflichten frei haben möchten. Hier ist ein gemeinsamer Grund, auf dem Frauen aus aller Welt zusammenfinden können, um gemeinsam diesen Geist des Einsseins zu feiern. „Jede Frau, die Mitglied werden möchte, wird aufgenommen, das ist uns sehr wichtig", sagt Sue Ellen. „Niemand soll erst Hürden überwinden müssen."

Hier spüren wir wieder die Kraft der Wildwasserregel: Folge der Energie der Leidenschaft und Kreativität und verpflichte dich auf die Prinzipien Mut, Echtheit, Dienen, Wahrhaftigkeit und Liebe, dann wirst du effektiv sein.

> Es ist nicht so, dass wir etwas nicht wagen, weil es schwierig ist. Es ist schwierig, weil wir es nicht wagen.
> *Seneca*

Das waren einst lauter unmögliche Träume: zum Mond zu fliegen; ein Bekleidungsunternehmen so aufzuziehen, dass es auch auf einem schrumpfenden Markt noch den Menschen und die Umwelt in den Mittelpunkt stellen kann; oder Frauen über 50 zu Spaß, Spiel und fröhlichem Miteinander zu inspirieren. Aber sie alle sind Wirklichkeit geworden. Das ist das Wunder der Effektivität, die sich ergibt, wenn wir Mut, Echtheit, Dienen, Wahrhaftigkeit und Liebe zu den Prinzipien machen, nach denen wir leben und arbeiten.

Wenn wir unsere Fähigkeit zu träumen wieder nutzbar machen, wenn wir Anschluss an Mythos, Mysterium und Magie suchen und uns an die schlichte Einsicht halten, dass wir alle eins sind – können erstaunliche Dinge geschehen, mehr, als die meisten von uns für möglich halten. Wir werden fähig, Einzelne, Unternehmen und Organisationen zu inspirieren, wir verwirklichen Träume, die das ganze Land betreffen, wir heben unser Selbstwertgefühl und erreichen neue Höhen der Leistung und des Erfolgs. Nicht durch Trennungsdenken, sondern in dem Wissen, dass wir eins sind.

Gewinnen Sie Ihre Effektivität zurück

Was wird von Ihrem Leben bleiben? Haben die Träume, Pläne und Wünsche, die Ihnen am Herzen lagen, ihr Ziel gefunden? Es geht darum, unser Leben in jene Richtung zu lenken, in der wir für unser Unternehmen, unsere Freunde und Angehörigen, für uns selbst, unser Lebensumfeld und die Welt etwas erträumen und in Angriff nehmen. Hier sind ein paar Fragen, die Ihrer Effektivität im Privat- und Berufsleben auf die Sprünge helfen können:

- Was möchten Sie erreichen?
- Weshalb?
- Woran messen Sie den Erfolg? Woran erkennen Sie, dass Sie Ihre Träume verwirklicht haben?
- Haben Sie den Mut, den Sie zur Verwirklichung Ihrer Träume brauchen?
- Sind Ihre Träume und Vorhaben authentisch?
- Wem wird das, was Sie erreichen, dienen?
- Haben Sie ehrliche Absichten und fühlen Sie sich der Wahrheit verpflichtet?
- Lieben Sie das, was Ihnen vorschwebt, und die Motive dazu?
- Wird auch die Umsetzung Ihrer Träume liebevoll geschehen?
- Was tun Sie, um sich die Mittel und Fähigkeiten zu verschaffen, die Sie auf dem Weg zu Ihren Zielen brauchen?
- Sind Sie auf eigene Erfolge fixiert, oder ist es Ihnen vor allem wichtig, andere zu inspirieren und ihnen dadurch zu Erfolgen zu verhelfen?
- Wer hilft Ihnen? Ist es diesen Menschen wichtig, dass Sie zu einem Erfolgserlebnis kommen?
- Sind Sie offen dafür, einen „roten Hut“ zu finden, etwas – das Sie eigentlich nicht brauchen? Sind Sie bereit, gemäß der Wildwasserregel der Energie zu folgen und vielleicht ein weitaus größeres Maß an Effektivität zu finden, als Sie gegenwärtig anstreben?

Unterm Strich

Weshalb brauchen wir Effektivität?

Weil wir ein besseres und befriedigenderes Arbeits- und Privatleben haben werden, wenn wir erreichen, was uns im körperlichen, materiellen, intellektuellen, seelischen und spirituellen Sinne erfüllt – wenn wir effektiv sind.

Arbeitsblatt

Inspirieren Sie sich zu mehr Effektivität

Schildern Sie eine Situation in Ihrem Leben, in der Sie sich als besonders effektiv erlebt haben – einen Augenblick oder eine Zeit, in der Ihre Effektivität in Bestform war:

Beschreiben Sie etwas aus Ihrem gegenwärtigen Leben, das (wie Sie im Innersten wissen) besser laufen könnte, wenn Sie mehr Effektivität erreichen könnten. Sie verfügen über diese Effektivität, wie Sie in Ihrem Beispiel eben geschildert haben. Wie könnten Sie in der jetzigen Situation wieder zu dieser Effektivität finden?

Das Geheimnis, um Freude an der Arbeit
zu findet, liegt in einem Wort: Brillanz.
Wer sein Handwerk wirklich versteht,
hat auch Freude daran.

Pearl S. Buck

CASTLE

Ausblick

Die Evolution des Führungsstils

In den siebziger und achtziger Jahren des 20. Jahrhunderts begannen Praktiker und Theoretiker gleichermaßen, die Schwächen jenes Systems von Befehl und Gehorsam zu beklagen, das bis dahin der vorherrschende Führungsstil in Unternehmen gewesen war. Forschung, Literatur und Praxis des Führens bekamen nach und nach ein menschlicheres Gesicht, und das lag an dem wachsenden Bewusstsein dafür, dass es in der Wirtschaft ja eigentlich um den Menschen geht – um „unsere Leute", um die Kunden und die Mitarbeiter (damals noch in dieser Reihenfolge). Kunden und Beschäftigte wurden nicht mehr als bloße Mittel zum Zweck betrachtet, sondern als lebendige Teile jenes Ganzen, das wir Unternehmen nennen.

Dieses neue Bewusstsein stand etwas unsicher neben den herkömmlichen Wertvorstellungen, die ganz auf Aktionäre und sonstige Anteilseigner konzentriert waren. Und auch jetzt bezog der Ausdruck „unsere Leute" nur bestimmte Gruppen von Menschen mit ein, während andere weiterhin als Opfer des Trennungsdenken draußen blieben: Händler und Lieferanten beispielsweise, Gewerkschaften, Aufsichtsbehörden, Konkurrenten, Medien, Politiker, Umweltschützer, Nachbarschaft und Öffentlichkeit – eigentlich die Menschheit überhaupt. Diesen „anderen Leuten" wurde zwar ein gewisses Maß an Aufmerksamkeit geschenkt, aber sie waren nicht um ihrer selbst willen wichtig. Sie waren nützlich oder eben nicht, je nachdem, ob sie für die Ziele der Firma instrumentalisiert werden konnten oder sich eher als Hindernis darstellten. In dieser Phase bestand also die alte Philosophie des Trennens fort, aber es gab schon einzelne Zugeständnisse an den Gedanken des Einsseins.

Gegen Ende der neunziger Jahre und zu Beginn unseres neuen Jahrtausends erlitt die Entwicklung zu menschlicheren Konzepten einen schweren Rückschlag. Unter dem Wettbewerbsdruck der Globalisierung verschwanden sogar „unsere Leute" wieder von der Bildfläche; Unternehmen fielen in alte Kommandostrukturen zurück, die beinahe an die sechziger Jahre erinnerten. Aber diesmal dauerte es nur wenige Jahre, bis vielen klar wurde, dass dieser rigide, „neoliberale" Extremkapitalismus nicht funktioniert. Die vielen Pleiten und Insolvenzen, Wirtschaftskriminalität, Umweltzerstörung und die wachsende Unzufriedenheit von Kunden und Beschäftigten sprechen eine zu deutliche Sprache. Den alten, vom Trennungsdenken beherrschten Konzepten, signalisieren sie, geht die Puste aus.

Wann immer wir etwas herausgreifen und für sich allein nehmen wollen, müssen wir feststellen: Es ist mit allem anderen im Universum verknüpft.
John Muir

Das ist der Hintergrund für das neuerliche Erstarken des bewussten Führungsstils, das wir heute erleben – jenes Führungsstils, der auf einem klareren Verständnis für das Ganze, das Einssein, beruht. Es führt einfach zu nichts, wenn man Angestellte, Kunden, Händler oder Aktionäre als von einem Unternehmen getrennt betrachtet und das Unternehmen wiederum nicht in seinem Zusammenhang mit dem Gemeinwesen und der Welt sieht: Das erleben wir immer deutlicher. Und alle, die in einem solchen Umfeld arbeiten müssen, empfinden es als zunehmend unerträglich. So kehren wir jetzt langsam zur tieferen Wahrheit des Einsseins zurück. Sie erinnern sich, dass die Menschheit schon einmal im Einssein gelebt hat; das war die ursprüngliche Zeit von Mythos, Mysterium und Magie. Aber damals haben unsere Vorfahren noch nicht viel darüber nachgedacht; sie lebten im Einssein, ohne sich seiner Heiligkeit eigens bewusst zu sein.

Uns ist dagegen die große Chance gegeben, unser Einssein als solches wahrzunehmen und diesmal bewusst zu erkennen, welch gewaltiges Potenzial in diesem Einssein liegt. Einssein einfach zu leben, ohne es auch verstanden zu haben, ist eine Sache; aber wenn wir es leben *und* außerdem wissen, warum wir das tun, kann sehr viel mehr daraus entstehen. Klarheit über den Wert von

Mythos, Mysterium und Magie zusammen mit dem vollen Bewusstsein, dass wir alle eins sind, kann das Leben insgesamt und vor allem auch unser Verhalten als Führungskräfte auf ein neues Niveau heben – auf ein Niveau, das die Menschheit noch nie auf so breiter Basis erreicht hat.

Wo wir den angstbesetzten Impulsen des Ego folgen, setzen wir negative Energien ein und vertiefen die Gräben zwischen uns und anderen; wir verirren uns immer tiefer ins Trennungsdenken. Aber es steht uns frei, mehr von unserer Seele als vom Ego her zu denken und zu handeln. Dann wird unser naturgegebenes Einssein uns bewusst, wir verwirklichen immer mehr davon in unserem Leben und machen es stärker und stärker.

Jeden Tag stehen wir vor dieser Wahl: Trennung oder Ganzheit. Wählen wir also klug, und die Welt wird sich ändern.

Hundertmillionen Jahre lang haben wir geschlafen, um endlich die Augen für diesen herrlichen Planeten mit seinen funkelnden Farben und der Vielfalt seines Lebens zu öffnen. Und nach ein paar Jahrzehnten müssen wir unsere Augen wieder schließen. Ist es nicht ein würdiges und erhellendes Leben, wenn wir diese kurze Zeit unter der Sonne nutzen, um dieses Universum ein wenig besser zu verstehen und vielleicht auch zu erfahren, weshalb wir gerade jetzt aufgewacht sind? Das gebe ich als Antwort, wenn ich gefragt werde – und das geschieht erstaunlich oft –, warum ich jeden Morgen aufstehe.

Richard Dawkins

Mit neuen Augen sehen

Marcel Proust schrieb: „Die wahre Entdeckungsreise liegt nicht darin, neue Landschaften zu entdecken – sondern darin, mit neuen Augen zu sehen.“ Die CASTLE-Prinzipien können uns neue Augen geben, mit denen wir staunend unser Einssein wahrnehmen und das Heilige in anderen erkennen.

Zu unseren Klienten gehören auch Unternehmen, die Krankenhäuser betreiben. Ein Chirurg, der in einer solchen Klinik arbeitet, hatte sich mit den CASTLE-Prinzipien vertraut gemacht und begann daraufhin, seine Patienten, aber auch das Skalpell in seiner Hand als heilig anzusehen. Er war ohnehin schon ein Chirurg der Spitzenklasse gewesen; aber jetzt kam hinzu, dass er das Skalpell nicht mehr einfach wie ein Instrument, sondern als ein *heiliges* Instrument handhabte. Auch der Patient war für ihn nicht mehr ein „Fall“, sondern ein heiliges Wesen.

> Ich will dir ein Geheimnis verraten, mein Freund. Warte nicht auf das jüngste Gericht – es findet jeden Tag statt.
> *Albert Camus*

Natürlich operierte er von da an mit noch mehr Liebe und Sorgfalt. Seine Patienten erzählten überall begeistert von seinem überragenden Können und seiner Bereitschaft, sich ganz auf die Menschen einzulassen. Die Klinik verzeichnete einen wachsenden Zustrom von Patienten.

Doch damit nicht genug. Auch die Krankenschwestern und das Versorgungspersonal erschienen diesem Chirurgen jetzt verändert – als heilig. Er fing an, sie entsprechend zu behandeln. Die jährliche Fluktuationsrate beim Pflegepersonal liegt in amerikanischen Kliniken bei ungefähr 30 Prozent; und viel zu viele Schwestern und Pfleger haben Anlass, sich über arrogantes Verhalten von Ärzten zu beklagen. Das änderte sich jetzt im Umfeld dieses einen Chirurgen. Die Beziehungen zwischen Pflegepersonal, Ärzten und der übrigen Klinikbelegschaft entspannten sich in kurzer Zeit; Kränkungen, Ärger und Gleichgültigkeit wichen einer Atmosphäre der Begeisterung, und das zeigte sich nicht zuletzt an der rückläufigen Zahl von Kündigungen.

All das bestärkte den Chirurgen in seinem Drang, die Dinge mit neuen Augen, nämlich aus dem Blickwinkel der CASTLE-Prinzipien zu sehen. Er begann in allen Geräten und Einrichtungsgegenständen das Heilige zu sehen und sie mit wachsender Achtung zu betrachten. Maschinen und Instrumente, die so betrachtet und behandelt werden, halten länger, fallen seltener aus, verursachen weniger Instandhaltungskosten und weniger Ersatzinvestitionen.

Alles in allem nahmen Ärger und Feindseligkeit in der chirurgischen Station ab, und an ihre Stelle traten Toleranz, Verständnis und Liebe. Und ausgehend von dieser Station machte bald das ganze Krankenhaus eine Verwandlung durch. Die Personalfluktuation nahm insgesamt ab, das Verständnis für Zusammenhänge wurde tiefer, die Sterblichkeitsrate ging zurück und die Heilungsraten verbesserten sich, das Image der Klinik wurde immer besser, der Marktanteil wuchs, die Kosten gingen zurück. Die CASTLE-Prinzipien erfassten alle Bereiche der Klinik, aber auch die dort arbeitenden Menschen und alle, die zur Ganzheit dieser Gesundheitseinrichtung gehörten: Lieferanten, Patienten, Investoren, Aufsichtsinstanzen und das versorgte Einzugsgebiet.

Nach einem Jahr wurde der Betrieb als das amerikanische Krankenhaus ausgezeichnet, das den größten Rückgang der Sterblichkeitsrate nach Herzinfarkten erreicht hatte. Die Personalfluktuation sank von 24 auf 11 Prozent, was eine Kostensenkung um 70 Millionen Dollar jährlich bedeutete. Die Einnahmen stiegen trotz schlechter Marktbedingungen, die Gewinnmarge stieg von null auf einen der besten Werte im gesamten Gesundheitswesen. Es war die erste klinische Einrichtung in Nordamerika, die ein Programm zur Qualitätssicherung namens Six Sigma umsetzte – nur dass es hier den neuen Namen *Soulful Six Sigma* erhielt, unter anderem deshalb, weil die Klinikleitung sich verpflichtete, eventuell notwendige Strukturanpassungen ohne betriebsbedingte Kündigungen umzusetzen.

Wir sehen wieder einmal: Wenn wir die CASTLE-Prinzipien anwenden, um mit neuen Augen – mit einem neuen Blick auf das Ganze, auf das Einssein – zu leben und zu führen, dann ist das gut für die Seele *und* für die Rendite.

Das ist die Botschaft dieses Buches. Wenn wir die CASTLE-Prinzipien leben, können wir die heilige Verbundenheit von allem sehen, das Einssein aller Menschen und Dinge. Nach diesen sechs Prinzipien – Mut, Echtheit, Dienen, Wahrhaftigkeit, Liebe und Effektivität – können wir unseren Führungsstil und unser Leben insgesamt neu ausrichten. In unseren wechselnden Rollen als Führer und Geführte hilft uns die tägliche Praxis der CASTLE-Prinzipien, die Welt mit neuen Augen zu sehen, die das Ganze wahrnehmen und die Illusion der Getrenntheit durchschauen. Das wird dann unsere neue Wirklichkeit – eine Wirklichkeit, die der tiefen Einsicht gerecht wird: Wir sind ...

EINS.

Danksagung

Dieses Buch hätte nicht entstehen können ohne die Mitwirkung vieler liebevoller Seelen.

Ich habe viel Zeit mit den außergewöhnlichen Menschen verbracht, deren Geschichten in diesem Buch erzählt werden, darunter Bernie Bredschneider, Rinaldo Brutoco, Don Campbell, Sue Ellen Cooper, Kirk Hoessle, Dave Loney, Dave Mowat, Amelie Noiseux, Paula Rosario, Adele Azar-Rucquoi, Scott Simmie, Frank Stronach und George Zimmer, die ohne Ausnahme herausragende Führungspersönlichkeiten sind. Ihnen danke ich für Zeit und Engagement, in manchen Fällen für Mut, und in allen Fällen für inspirierende Zusammenarbeit.

Meine Kollegin Sarah Grimmer hat die CASTLE-Prinzipien bei unserer gemeinsamen Arbeit Tag für Tag verkörpert. Sie hat zu diesem Buch sehr viel beigetragen und es nie versäumt, sich klug und kenntnisreich einzubringen.

Ken Jacobsen hat das Manuskript in unterschiedlichen Stadien mehrfach durchgesehen und mit viel Augenmaß hervorragende Anregungen gegeben, die dem Text sehr gut getan haben.

Meine alte Freundin und Lektorin Simone Gabbay ist eine wundervolle Autorin und Redakteurin, eine kreative Partnerin, wie man sich keine bessere wünschen kann. Ihre ebenso scharfsinnigen wie fantasievollen Ideen fügten sich nahtlos in das Gewebe des Buches ein.

Bei der Planung, Ausarbeitung und Herstellung des Buches hat sich eine internationale Gemeinschaft von Sympathisanten zusammengefunden, ein unvergleichliches Team von Experten, Geburtshelfern, Technikern und Vermarktern, Beratern, Missionaren, Freunden und Rezensenten – eine unschätzbar wertvolle Ressource, derer ich mich gern und häufig bedient habe. Im Einzelnen danke ich von ganzem Herzen John Halstead, Anna Harper, Elizabeth Jetton, Rob Katz, Laurie Kennedy, Shonnie Lavender, Sue Lindsay, Susan Nind, Anne Preston, Rob Ryder und Charleen Tupper. Den weiteren Umkreis dieser Community bildeten Hunderte andere überall auf der Welt, die uns mit Ratschlägen, Ideen,

Recherchen und liebevoller Kritik unterstützt haben. Unsere vielen internationalen Telefonkonferenzen, E-Mails, Besuche und Gespräche haben den Text reicher und klarer gemacht.

Tracey Gilmore, Tricia Field und Rae Brown bildeten das jederzeit verlässliche und hilfsbereite Team im Secretan Center; ihr Wissen und ihr Können haben meine Gedanken in einer Weise ergänzt, für die ich zutiefst dankbar bin. Dank auch an Bishira Toomey, der mir die Arbeit Donald Winnicotts so nachvollziehbar erklärt hat; an Ron Szymanski für hilfreiche Anregungen; und an Don Bastian für Korrekturen und gute Anregungen zum Aufbau des Buches.

Ein besonderer Dank gilt wieder meinem deutschen Verleger Joachim Kamphausen und seinem Team von Übersetzern, Lektoren und Designern. Sie alle haben – angeführt von der Herausgeberin Nadja Rosmann – hervorragende Arbeit geleistet, um den englischen Originaltext auch deutschsprachigen Lesern zugänglich zu machen.

Und wie immer – die Letzten werden die Ersten sein – war meine wunderbare Frau Tricia der Fels, auf den ich bauen konnte, unerbittlich in ihrer Kritik und nie erlahmend in ihrer Unterstützung. Ich werde sie immer lieben. Wir sind eins.

Über den Autor

LANCE SECRETAN ist einer der führenden Trainer und Theoretiker für ganzheitliche Führungs- und Management-Konzepte in Nordamerika. Als aktiver Manager hat er in den siebziger Jahren das Zeitarbeitsunternehmen Manpower auf Wachstumskurs gebracht. Anschließend schlug er eine Hochschullaufbahn ein, bevor er sich als Autor und Management-Lehrer selbstständig machte. Heute leitet er das von ihm gegründete The Secretan Center Inc. im kanadischen Bundesstaat Ontario, das Unternehmen, Verbände und staatliche Institutionen bei Transformationsprozessen berät. Lance Secretan ist ein gefragter Redner und preisgekrönter Kolumnist; als Coach und Mentor betreut er Führungskräfte in aller Welt. Bekannt wurde er auch für sein ehrenamtliches Engagement, unter anderem als Botschafter des United Nations Environmental Programme und als Chairman des Advisory Board der Olympischen Winterspiele 1998.

Wenn Sie Kontakt zum Autor aufnehmen oder sich über seine englischsprachigen Bücher, Videos und CDs informieren wollen, wenden Sie sich am besten direkt an:

The Secretan Center Inc.
P.O. Box 1050
Erin, Ontario
N0B 1T0
Canada
E-Mail: info@secretan.com
Internet: www.secretan.com

Weitere Informationen und Anregungen zur deutschen Ausgabe und zu Veranstaltungen mit Lance Secretan in Europa finden Sie im Internet unter:

www.secretan.de